新女红

秋冬时尚手工编织

[日] 雄鸡社 原著／曹亚男 译

上海科学技术文献出版社
Shanghai Scientific and Technological Literature Press

图书在版编目（CIP）数据

新女红：秋冬时尚手工编织 /（日）雄鸡社原著；曹亚男译.
—上海：上海科学技术文献出版社，2016.1
ISBN 978-7-5439-6716-8

Ⅰ.① 新… Ⅱ.① 雄…② 曹… Ⅲ.① 手工编织 Ⅳ.
① TS935.5

中国版本图书馆 CIP 数据核字（2015）第 130137 号

TITLE:「すてきな手編み　秋冬ニツト」
BY:「雄鶏社」

责任编辑：张　树
封面设计：许　菲

新女红：秋冬时尚手工编织
[日]雄鸡社　原著　曹亚男　译
出版发行：上海科学技术文献出版社
地　　址：上海市长乐路 746 号
邮政编码：200040
经　　销：全国新华书店
印　　刷：昆山市亭林印刷有限责任公司
开　　本：880×1070　1/16
印　　张：6.25
版　　次：2016 年 1 月第 1 版　2016 年 1 月第 1 次印刷
书　　号：ISBN 978-7-5439-6716-8
定　　价：20.00 元
http://www.sstlp.com

新女红

new knitter

目 录

喜欢淑女的你

秋冬编织

镂空清透的花样流露出女性意识,柔和的线
条打造魅力的BEST&VEST

暗色的月牙边编织

使用丝质的花式纱线,细致清透的花样强调
竖部线条的设计。
胸前或是袖子、下摆都编织了月牙边,别有轻
盈感。

设计 ◆ 三上早苗
制作 ◆ 茨木みや
编织方法 ◆ 34页
使用线 ◆ MANNA

上等丝线马甲

丝线马甲,右肩上的饰物是一个重点。
肩部开始到下摆处的编织花样如此生动,下
摆处的月牙边更得到提升。

设计 **松浦幸子**
编织方法　33页
使用线　MADAME SILK

钩针编织的带波形褶边的马甲

粉红色或冰激凌色,粉笔画色调般的渐变,赋予小小重复的花样以变化。
领窝以波形褶边收整,为作品增添华丽气质。

设计 ◆ **赤沢美香**
编织方法 ◆ 36页
使用线 ◆ SOLFA

钩针编织的四方的马甲

前后都编织成四方形,只要缝缀肩部和腋下
就能完成的简单编织方法。
穿上后柔软合身,打造美丽线条。

设计 ◆ **nikkevictor 设计室**
编织方法 ◆ 38页
使用线 ◆ PIXY

5

带有胸针的组合式马甲

使用同一种线的2种颜色,有时混合,有时又在某些部位编织装饰花样,是很有意趣的作品。
下摆使用TUINI编针(P32)编织。
合线编织的胸针可以别在自己喜欢的位置。

设计 ◆ **北村惠美子**
制作 ◆ 大西邦子
编织方法 ◆ 40页
使用线 ◆ COUTURIER

使用饰带的正装马甲

暗色调的马甲上穿过别的线编织的饰
带,感觉非常时髦。
饰带的穿过位置可以更换,是可以打造
个人风格的一款作品。

设计◆ **荒贺美智代**
制作◆大西邦子
编织方法◆42页
使用线◆NATTY、SOLFA

秋冬编织
轮廓洗练优美,感觉上品的编织品。

斜织风格的丝质上衣

使身材看起来很纤细的
斜织式样,沉稳的色调,
显示出作品的上品感。
领子在中间重合,有丝瓜
领之风。

设计 荒贺美智代
编织方法 44页
使用线 BEAU

艺术毛线前开衩马甲

从肩膀到下摆直筒编织风格,袖笼是温
柔的四角形。
仅在上部缀上纽扣,成就时髦作品。

设计 ◆ **nikkevictor 设计室**
编织方法 ◆ 46页
使用线 ◆ MANNA

双色相邻交错的方格花纹设计织物

在前后的中间处缝合,左右衣长不对称
的设计。
花样也是左右变换,整体平衡把握得非
常好的一款毛衣。

设计◆**北村惠美子**编
制作◆**あとりえ"惠"**
编织方法◆48页
使用线◆PIXY

变形缆绳的V字领毛衣

在2针上2针下编织中加入交叉编织,设计花样睿智又很富有动感。
薄薄质地,可以穿在外套的里面,是很方便穿着的一款作品。

设计 ◆ **下田すみれ**
编织方法 ◆ 50页
使用线 ◆ BEAU

藤编风格的半袖毛衣

有着漂亮月牙边的藤编风格毛衣。
掺入细马海毛的毛线微蓬,别有轻盈、柔
和的魅力。

设计◆ nikkevictor 设计室
编织方法◆ 39 页
使用线◆ PIXY

带有波形褶边的前开马甲

边缘处的波形褶边带来分量感,因为感
觉爽朗,是令人跃跃想穿的马甲。
单纯的重复花样,前后持续编织,连腋下
的缝合都省去的一款简单织物。

设计 ◆ **nikkevictor 设计室**
编织方法 ◆ 63 页
使用线 ◆ MOLESQUE

富有华丽感的钩针编织马甲

从领窝的中间开始编织。
呈放射状扩大的花样突出了豪华感,因为织
有金(银)色丝线,马甲更加引人注目。

设计◆**今井奈津枝**
制作◆家原久美子
编织方法◆52页
使用线◆BEAU

大环领的时髦毛衣

下摆和袖口、领子以上下针编织，感觉分量
充实，是非常适合外出穿着的设计。
很容易搭配的基础颜色十分完美。

设计◆ **松浦幸子**
制作◆家原久美子
编织方法◆ **54** 页
使用线◆ BEAU

秋天&冬天 编织
最适合日常生活、穿着时心情愉快的毛衣和马甲

镂空编织的毛衣

使用有一定深度的红色毛线编织,因为是镂空的花式,完全感觉不到沉重,反而很轻盈。泡泡针的使用,漫不经心就使作品拥有了立体效果。

设计 ◆nikkevictor 设计室
编织方法 ◆ 56 页
使用线 ◆MANNA

清透的马海毛毛衣

V字形的清透花样,蓬松编织成的马海
毛毛衣。
和蓝色牛仔裤组合,很有活力风格。

设计◆**nikkevictor 设计室**
编织方法◆58页
使用线◆PIXY

简单马甲

交叉花样和带花织地组合在一起的设计,
渐变色的毛线为颜色的变化加分,是很有时
代感的安排。
直直的毛线很容易编织,一会儿工夫就能完
成。

设计◆**郑幸美**
制作◆山本民子
编织方法◆60页
使用线◆SOLFA

高领的基础编织

在衣片的中间位置重点设计,是一款自然色
的马甲。
因为毛线具有适当的粗度,肩部不会变板
结,是很容易编织的作品。

设计 **大江伦永子**
制作　村濑和子
编织方法◎**62页**
使用线◉BEAU

横织的运动感马甲

前后同型横织的马甲。
有效使用引返编织和上针编织技法的花式，
更加上渐变毛线带来的变化。

设计　**河合正子**
制作　可爱手工编织研究会
编织方法　71页
使用线　MANNA

编入亮点的苏格兰式毛衣

利用带花织地,部分编入黑色的设计。
在前片的黑色纵线下端,在袖子黑色纵线与纵线之间泡泡针织入小球,在飒爽里加入女人味。

设计◆**糸游戏**
编织方法◆66页
使用线◆EXCEL TWEED

和谐风格的魔术编织

魔术编织出的毛衣,花式是无纽短上衣。
虽然只穿了一件,看起来却感觉是在叠穿的
快乐作品。

设计◆**佐薙淳子**
编织方法◆79页
使用线◆NEO MIDDLE

缆绳花式的毛衣

使用清澈的蓝色、绿色、紫色等
颜色渐变的毛线编织而成的柔
和的毛衣。
富有动感的交叉花样，一款让人
看起来纤细的设计作品。

设计 ● **nikkevictor 设计室**
编织方法 ● **68 页**
使用线 ● SOLFA

秋天&冬天 编织
活化毛线的特色,加入编
织技巧的变化,想要推荐
给非常喜欢编织的人的设
计真是许许多多。

彩色粉笔画般色调的半袖毛衣

在纵向上编入细细交叉的基本
款毛衣。
在生成色的基础上使用彩色粉
笔画般色调的渐变毛线,有耐
人寻味的效果。

设计 ◆ **nikkevictor 设计室**
编织方法 ◆ **70** 页
使用线 ◆ SOLFA

斜编织的奇想马甲

从左下方开始直到右上方斜编织的马
甲。
渐变色毛线的颜色也随之倾斜,赋予简
单的花式以变化。

设计◆ **仲口ゼリ**
编织方法◆ 74页
使用线◆ SOLFA

使用数种花样,是有一点难度的设计。
部分需要另行艺术编织完成后再嵌入,
是需要技巧的作品。

设计◆**荻美由纪**
编织方法◆76页
使用线◆COUURIER

马海毛式样的水手领毛衣

基本花式以全下针编织。
为了盖住前一针而使用挂针完成的花样
等距离编入，成品是相当精致的。

设计　**nikkevictor 设计室**
编织方法　82页
使用线　PIXY

27

全下针编织的斗篷

环编方式,从脖颈处到下摆全下针编织而
成的斗篷。
因为使用了毛线形状有特色的卷曲纱,是
周末编织马上就能穿上身的简单设计。

设计 ● nikkevictor 设计室
编织方法 ● 83页
使用线 ◆ SUPER ALPACA

28

转换花式的编织

全下针编织和2针上2针下编织顺着斜线
方向交替的设计。
在交替位置的小花,是用钩针编织而成
的。
使用有顺滑质感的上等羊驼毛线,穿着时
很显可爱。

设计◆**赤荻节子**
编织方法◆84页
使用线◆ PURE ALPACA

一行上针一行下针的巧手编织

中间的花式是用2种种类的毛线　行上针一行
下针引返编织而成。
从一点开始呈放射状扩大的引返编织使设计富
于动感。

设计◆**高田和子**
编织方法◆86页
使用线◆MANNA、NEO-MIDDLE

四叶草风格的马甲&围巾

用枣形针编织成格子图案的设计。
用同样的线编成的围巾的卷起方式下了许许
多工夫,协调中有玩味。

设计　冈田悦子
编织方法　90页
使用线　MOLESQUE

31

实物大小

1. MANNA
染色尼龙线，是将有凹凸感的一种羊毛、丙烯酸的极小圈联结在一起的一种线。有光泽感，材质非常轻。
羊毛40%、尼龙35%、丙烯酸25%
40g/卷；线长约98m
1卷1 029日元（980日元）

2. SOLFA
是在和第11的NEO-MIDDLE同样的线的基础上开发出来的渐变毛线。因为混合了3种颜色，制成富有表情的织品。
羊毛（优质美利奴羊毛）100%
40g/卷；线长约108m
1卷714日元（680日元）

3. BEAU
在羊毛线上随机加入无规则金色金属线的毛线。
羊毛98%、尼龙（微缝）2%
40g/卷；线长约120m
1卷966日元（920日元）

4. PIXY
在线上加进尼龙的扁平纤丝，使用马海羔羊毛的具有上品光泽的超高级毛线。
丙烯酸43%、羊毛（加入马海毛）22%、尼龙35%
25g/卷；线长约97m
1卷704日元（670日元）

5. SUPER ALPACA
超优质羊驼毛线和优质美利奴羊毛混合而成的高级圈圈线。特点是其他类别所没有的柔软感和轻盈感。
羊驼毛线22%、羊毛68%、尼龙10%
40g/卷；线长约66m
1卷819日元（780日元）

6. COUTURIER
在染色细结子纱线上，加入经过很长周期渐变染色而成的羊毛和人造丝线混合而成的毛线。
羊毛46%、人造丝线27%、丙烯酸22%、尼龙5%
40g/卷；线长约108m
1卷1 029日元（980日元）

7. MOLESQUE
染色细金银丝缎线和染色丙烯酸纤丝织线而成的毛线。
人造丝线53%、丙烯酸25%、尼龙22%
25g/卷；线长约77m
1卷830日元（790日元）

8. NATTY
把染色尼龙织线作为芯子，将染色丙烯酸纤丝和经过很长周期渐变染色而成的羊毛再次织线而成的毛线。
羊毛27%、丙烯酸23%、尼龙50%
40g/卷；线长约132m
1卷1 029日元（980日元）

9. EXCEL TWEED
混合高级材质，活化各种优点的素色软纹斜呢毛线，是男女皆适用的一种毛线。
丝46%、羊毛40%、马海毛7%、驼毛7%
40g/卷；线长约104m
1卷1 029日元（980日元）

10. MADAME SILK
奢侈使用绢，适度粗细因而便于编织的超高级线。上品的光泽和丰富的色彩数量是其魅力所在。
绢67%、毛23%、尼龙10%（全体中间使用23%马海羔羊毛）
40g/卷；线长约160m
1卷1 764日元（1 680日元）

11. NEO-MIDDLE
使用美丽奴羊毛（20.5微米的最高级羊毛），以及并太直羊毛线。有伸缩性，非常容易编织。
羊毛100%
40g/卷；线长约108m
1卷546日元（520日元）

12. PURE ALPACA
100%使用羊驼毛线中最柔软的羔羊毛线，是肌肤触感良好的毛线。
羊驼毛线（羔羊驼毛线）100%
40g/卷；线长约110m
1卷777日元（740日元）

注：有可能在手工商店里买不到这些，这时候，敬请向销售商垂询。

特殊的工具

销售商/nikkevictor株式会社
TEL.06-6229-8235

迷你阿富汗针
第6页的作品使用了这种针。阿富汗针2根为1套，是一种像棒针一样长但一头或两头都带钩的一种针。集棒针与钩针之组合，织出的成品比较厚重、温暖。

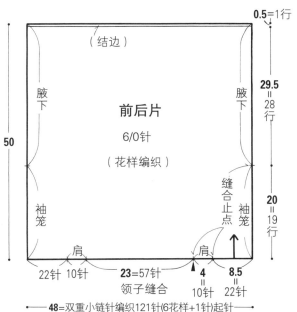

◇材料和工具
线…nikkevictor毛线　　**MADAME SILK**
淡灰色（7）155g
针…nikkevictor编针"爱梦"、clover、
6/0号钩针

◇**完工尺寸**
胸围96cm　衣长50cm　袖长24cm

◇**编织针眼数**
花样编织　1花样=8cm、12行（1花样）=13cm

◇**编织方法**
用一股毛线编织。
前后片以双重小链针起针，花样编织部分从肩部到下摆无加减针变化。肩部卷半针后缝缀（P35），腋下以小链针缝缀。饰物编好后缝缀上，完成。

0.5=1行

（结边）

腋下　　　　　　　腋下

前后片

6/0针

（花样编织）

29.5 = 28行

缝合止点

20 = 19行

50

袖笼　　　　　　　袖笼

肩　　　　　肩

22针 10针　**23=57针**　**4 = 10针**　**8.5 = 22针**

领子缝合

⟵ **48**=双重小链针编织121针(6花样+1针)起针 ⟶

双重小链针编织方法

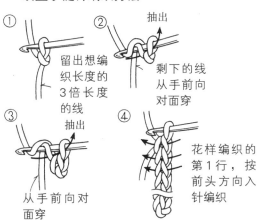

① ② 留出想编织长度的3倍长度的线　　抽出　　剩下的线从手前向对面穿

③ ④ 抽出　　花样编织的第1行，按前头方向入针编织

从手前向对面穿

饰品的连接方法

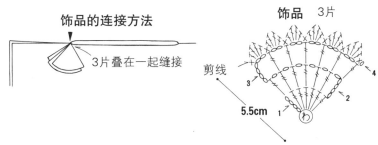

3片叠在一起缝接

饰品　3片

剪线

3　4　2　1　わ

5.5cm

花样编织符号图

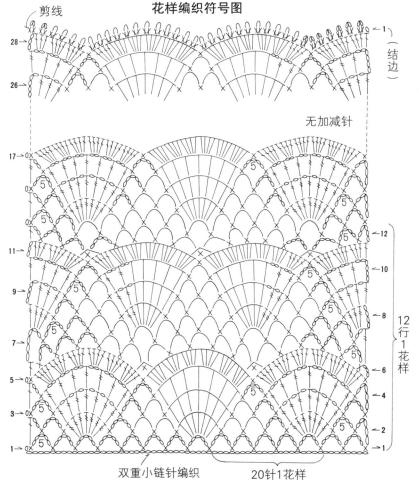

剪线

（结边）

28　26

无加减针

17　11　9　7　5　3　1

12行1花样

←12 ←10 ←8 ←6 ←4 ←2 ←1

双重小链针编织

20针1花样

33

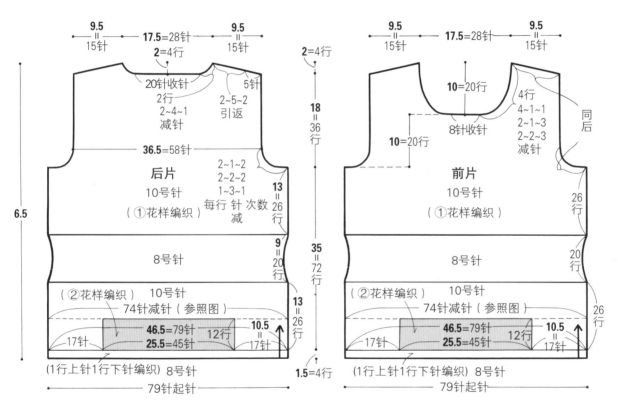

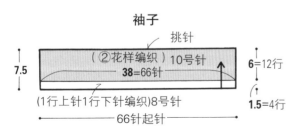

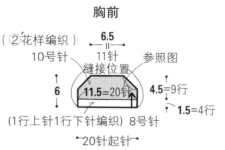

◇**材料和工具**

线…nikkevictor毛线　MANNA

略带灰色的紫色（811）185g

针…nikkevictor编针"爱梦"、clover,

棒针10号、8号2根、5/0号钩针

◇**完工尺寸**

胸围93cm　衣长56.5cm　袖长25.5cm

◇**编织针眼数**

①花样编织（10号针）　16针×20行＝10cm²

②花样编织　17.5针＝10cm、12行＝6cm

◇**编织方法**

用一股毛线编织。

前后片以一般方式起针,一行上针一行下针编织,①、②花样编织如图所示编织,在指定行换针编织。袖子、胸前也以同样方式起针,一行上针一行下针编织,②、②'花样编织方式编织。肩部缝合,领窝以环编方式结边,在胸前缀接。腋下和袖子底部缝合,袖子针数行数都接合好后完成。

后片（①花样编织）10号针

9.5＝15针　17.5＝28针　9.5＝15针

2＝4行

20针收针　2行　2~4~1减针

5针　2~5~2引返

36.5＝58针

2~1~2　2~2~2　1~3~1　每行　针　次数　减

13＝26行

9＝20行

8号针

（②花样编织）10号针

74针减针（参照图）

46.5＝79针　25.5＝45针　12行　17针

10.5＝17针

13＝26行

（1行上针1行下针编织）8号针

79针起针

6.5　18＝36行　35＝72行　1.5＝4行　2＝4行

前片（①花样编织）10号针

9.5＝15针　17.5＝28针　9.5＝15针

10＝20行

8针收针

4行　4~1~1　2~1~3　2~2~3减针

10＝20行

同后

8号针

（②花样编织）10号针

74针减针（参照图）

46.5＝79针　25.5＝45针　12行　17针

10.5＝17针

26行　20行　26行

（1行上针1行下针编织）8号针

79针起针

袖子

挑针

（②花样编织）10号针

38＝66针

7.5

6＝12行　1.5＝4行

（1行上针1行下针编织）8号针

66针起针

胸前

（②花样编织）10号针

6.5　11针　缝接位置　参照图

11.5＝20针　4.5＝9行

6　1.5＝4行

（1行上针1行下针编织）8号针

20针起针

领窝

（结边）5/0号针

30针收　2＝3行

20cm　42针收

在内侧缝合胸前

34

胸前

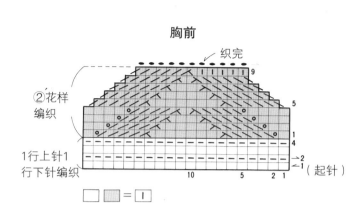

②花样
编织

织完

9

5

1
4

1行上针1
行下针编织

→2
→1（起针）

10　　　5　　2 1

□ □ = □

结边

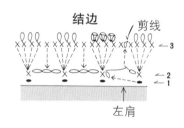

剪线

→3

→2
→1

左肩

卷边（本书共通基础）

● 半针包边

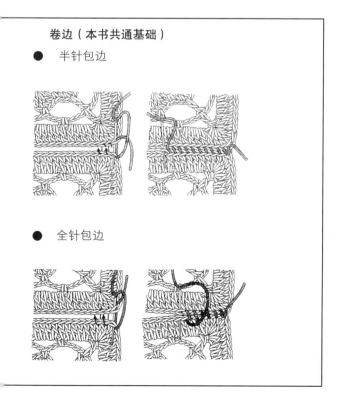

● 全针包边

1行上针1行下针编织①、②花样编织符号图

（ 1 行上针
1
行下针
编织 ）

起针

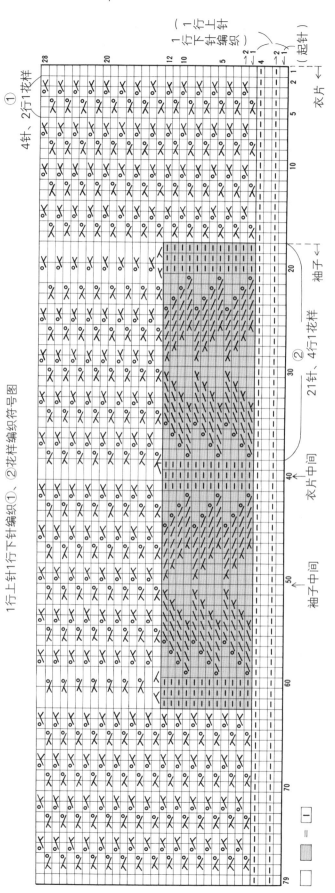

4针、2行1花样

①

②

衣片←

袖子←

21针、4行1花样

衣片中间

袖子中间

28　　20　　12 10　　5　　4　　2 1（起针）

5　10　20　30　40　50　60　70　79

□ = □

35

4page　钩针编织的带波形褶边的马甲

◇**材料和工具**
线…nikkevictor 毛线　SOLFA
粉色（403）225g
针…nikkevictor 编针"爱梦"、clover 针 4/0、
5/0、7/0 号钩针
◇**完工尺寸**
胸围 88cm　　衣长 47.5cm　　后肩宽 38cm
◇**编织针眼数**
花样编织　　2.5 花样 × 12 行 = 10cm²

◇**编织方法**
用一股毛线编织。
前后片以小链针起针，花样编织如图所示。
肩部以半针卷边缝接（P35），腋下以小链针
接合（P88）。领窝结边，下摆和袖笼各自细
针（即短针）环编，完成。

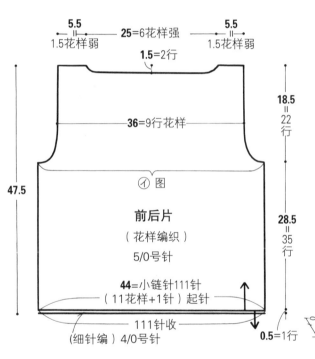

领窝

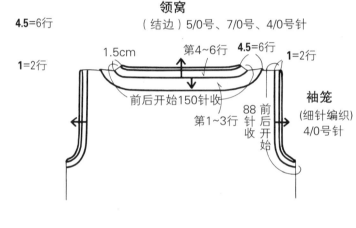

结边

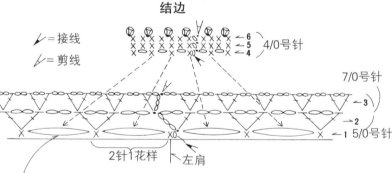

如图情况，小链针写成长条的，
但只需按通常小链针大小编织即
可（第2行也一样）

※ 第4行是把第2、3行在手前倒过
来，抽出第1行的小链针编织

花样编织符号图

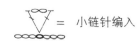

= 小链针编入

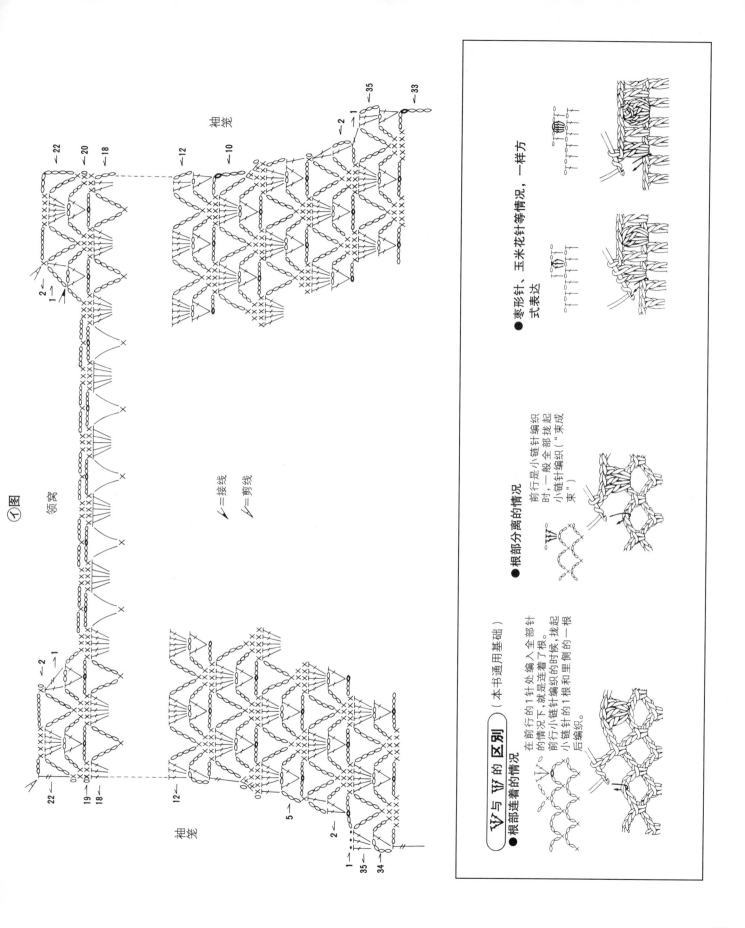

①图

领窝

袖笼

袖笼

2←
1←

←22
←20
←18

←12
←10

←35
←1
←2
←33

←2
←1

22←
19←
18←

12←

5←

2←
1←
35←
34←

✓ = 接线
✓ = 剪线

●根部分离的情况

前行是小链针编织时,一般全部编织("束")
小链针全部编织拢起成"束"。

V 与 V 的 区别 （本书通用基础）

●根部连着的情况

在前行的1针处编入全部针的情况下,就是连着了根。前行小链针编织的时候,拢起小链针的1根和里侧的一根后编织。

●枣形针、玉米花针等情况,一样方式表达

37

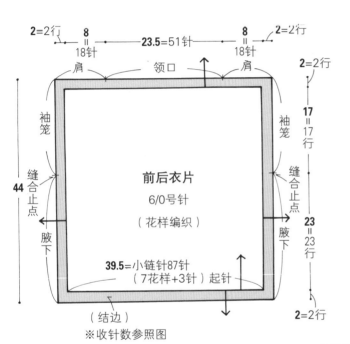

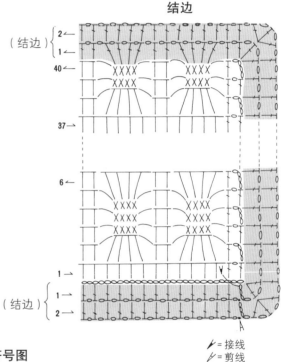

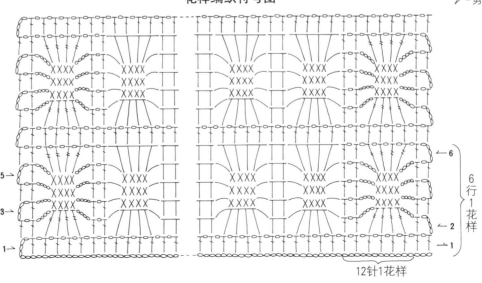

5page 钩针编织的四方的马甲

◇**材料和工具**

线…nikkevictor 毛线　PIXY

胭脂红（910）115g

针…nikkevictor 编针 "爱梦"、clover 针，

6/0 号钩针

◇**完工尺寸**

胸围 87cm　　衣长 44cm　　袖长 21.5cm

◇**编织针眼数**

花样编织　　22 针 × 10 行 = 10cm²

◇**编织方法**

用一股毛线编织。

前后片以小链针起针，花样编织如图所示，

无加减针变化。周边结边。肩部和腋下以

半针卷边缝接（P35），完成。

结边

（结边）

2=2行　　8　　23.5=51针　　8　　2=2行

18针　　　　　　　　　　　18针

肩　　　领口　　　肩

2=2行

袖笼　　　袖笼

17=17行

缝合止点　　前后衣片　　缝合止点

6/0号针

44　　（花样编织）

23=23行

腋下　　腋下

39.5=小链针87针

（7花样+3针）起针

2=2行

（结边）

※收针数参照图

= 接线

= 剪线

花样编织符号图

5　　3　　1

←6

6行1花样

←2

←1

12针1花样

12page 藤编风格的半袖毛衣

◇**材料和工具**
线…nikkevictor毛线　PIXY
胭脂红（910）115g
针…nikkevictor编针"爱梦"、clover针,棒
针6号2根、4根

◇**完工尺寸**
胸围91cm　衣长52.5cm
后肩宽35.5cm　袖长26.5cm

◇**编织针眼数**
②花样编织　20针×28行=10cm²
全下针编织　11针=5.5cm、28行=10cm

◇**编织方法**
用一股毛线编织。
前后片、袖子以一般方式起针编织花样①，
接下来花样②的编织如图所示编织。肩部
缝合，在领窝处环编花样①'，织完。腋下和
袖子底部缝合，连接上袖子后完成。

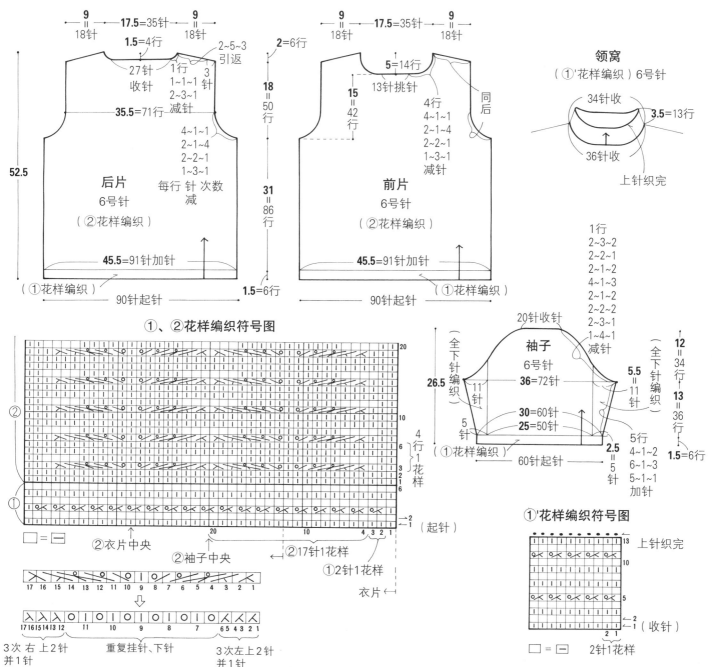

6page　带有胸针的组合式马甲

◇**材料和工具**

线…nikkevictor毛线　　COURTURIER

橙色（810）160g，红色（802）40g

针…nikkevictor编针"爱梦"、clover针，迷你阿富汗针15号2根（参照P32），6/0号钩针

附件　直径3cm的胸针底座1个，手工用黏合剂

◇**完工尺寸**

胸围94cm　　衣长48.5cm　　后肩宽38cm

◇**编织针眼数**

①花样编织　　14.5针×8行＝10cm²

②花样编织　　20针×12行＝10cm²

◇**编织方法**

用一股毛线编织，指定以外部分用橙色线编织。

前后片用阿富汗针以小链针方式起针，①、②花样编织如图所示编织，在前片的指定的位置编接上饰物。肩部以小链针缀接（P35），腋下以小链针缝接（P88）。领子按花样②'编织，袖笼按花样③编织，各自环编。胸花编织好后固定在底座上，完成。

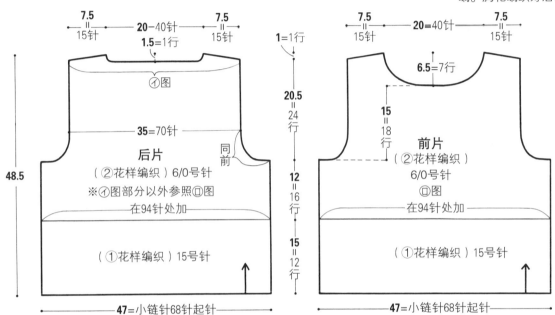

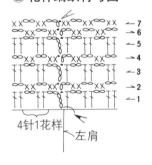

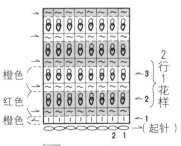

胸针的汇总方法　　　　　　　花样　　6/0号针

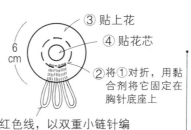

③贴上花
④贴花芯

6 cm

②将①对折，用黏合剂将它固定在胸针底座上

①用红色线，以双重小链针编3根，长度为10cm(33页)
(6/0号针)

花
橙色1枚

※第3行是把第2行在手前倒过来，在第1行处编接上。

花芯
红色1枚

※在第2行的头部穿过线系紧

イ图　　后领窝

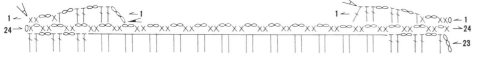

=接线
=剪线

中间

ロ图
前片
(②花样编织)

=接线
=剪线

装饰 (仅前面)
用红色线从后面编接上

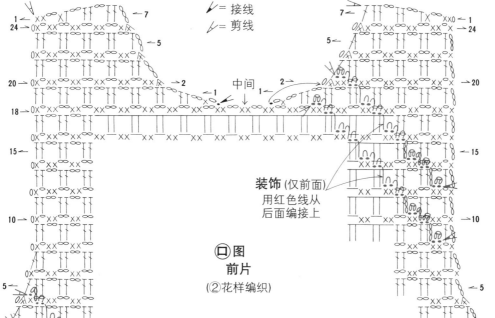

装饰 (仅前面)
用红色线从后面编接上

穿过线

4针1花样

2行1花样

41

7page 使用饰带的正装马甲

◇材料和工具
线···nikkevictor毛线　NATTY　紫色（205）
200g，HOLFA　绿色（410）10g
针···nikkevictor编针"爱梦"、clover针、6/0号
钩针、6号棒针2根

◇完工尺寸
胸围92cm　衣长55cm　后肩宽34cm

◇编织针眼数
花样编织　4.5花样＝10cm、6行＝9cm

◇编织方法
用一股毛线编织，指定以外部分用紫色线编织。
前后片以小链针方式起针，花样编织如图所示编织。肩部以半针卷边缝接（P35），腋下以小链针接合（P88）。在领窝和袖笼处环编结边①，在下摆处环编结边②，饰带以一般方式起针，1行上针1行下针编织，在肩部内侧缀接，如图所示穿好带子，完成。

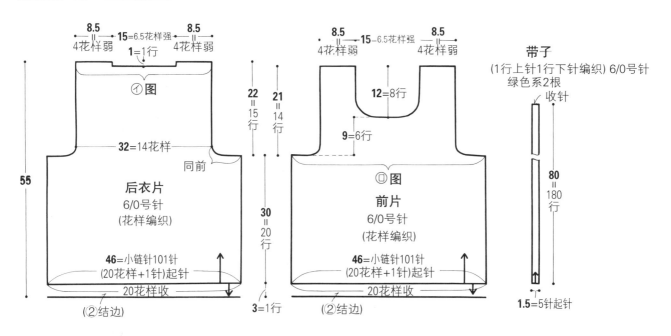

8.5
4花样弱
15＝6.5花样强
8.5
4花样弱
1＝1行
①图

22＝15行
21＝14行

32＝14花样
同前

55

后衣片
6/0号针
（花样编织）

46＝小链针101针
（20花样＋1针）起针

20花样收

（②结边）

30＝20行

3＝1行

8.5
4花样弱
15－6.5花样强
8.5
4花样弱

12＝8行

9＝6行

◎图

前片
6/0号针
（花样编织）

46＝小链针101针
（20花样＋1针）起针

20花样收

（②结边）

带子
（1行上针1行下针编织）6/0号针
绿色系2根

收针

80＝180行

1.5＝5针起针

领窝、袖笼
（①结边）6/0号针

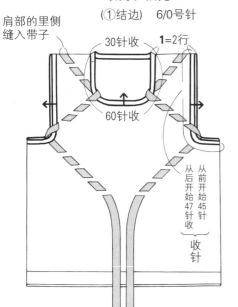

肩部的里侧缝入带子
30针收
1＝2行
60针收

从后开始47针收　从前开始45针收
收针

花样编织符号图

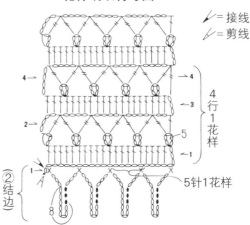

＝接线
＝剪线

4→
2→

4
3
2
1
→

4行
1花样

5

（②结边）

1→

8

5针1花样

1行上针1行下针编织符号图

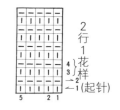

2行
1花样
4
3
2
1（起针）

5　2　1

①结边

后部细针编织

2针1花样

イ 图　　后领窝

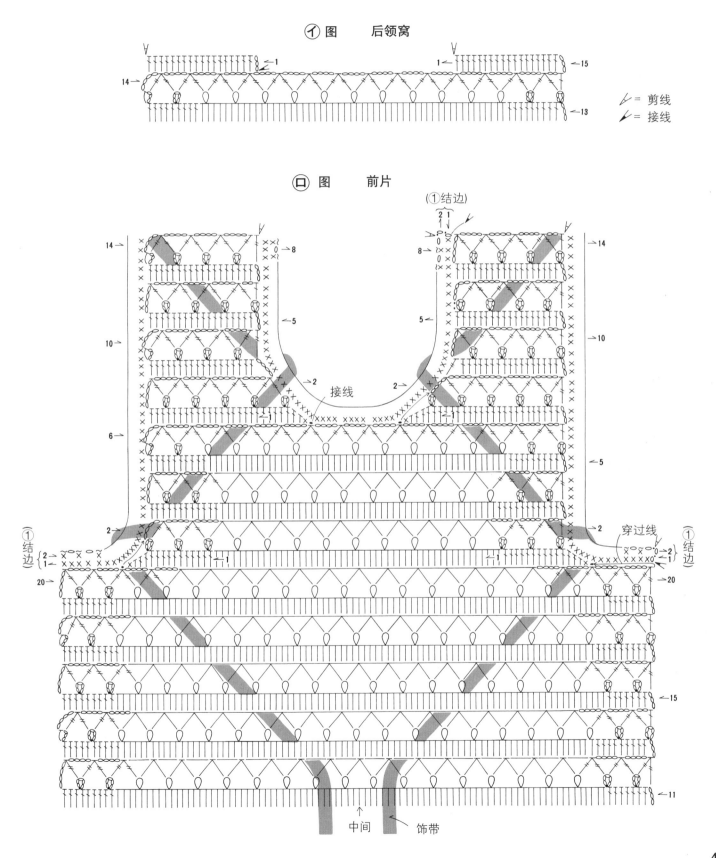

✓ = 剪线

✓ = 接线

ロ 图　　前片

(①结边)

接线

中间　　饰带

43

8page 斜织风格的丝质上衣

◇**材料和工具**

线⋯nikkevictor毛线 **BEAU**

淡灰色(753)340g

针⋯nikkevictor编针"爱梦"、clover针,棒针5号2根、5根,5/0号钩针

◇**完工尺寸**

胸围99cm 衣长55cm

后肩宽35cm 袖长52cm

◇**编织针眼数**

花样编织 26.5针×26行=10cm²

◇**编织方法**

用一股毛线编织。

前后片、袖子以一般方式起针编织花样①,接下来衣片按花样②编织,袖子按花样②'的方式如图所示编织。肩部缝合,领窝在指定的地方编织,前面中间处重合缝接。腋下和袖子底部缝合,连接上袖子后完成。

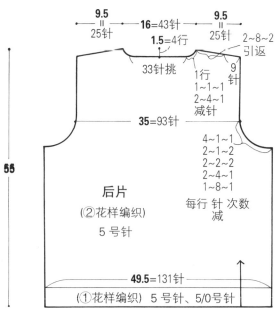

后片
(②花样编织)
5 号针

9.5=25针 16=43针 9.5=25针

1.5=4行 2~8~2 引返

33针挑

1行 1~1~1 2~4~1 减针 9针

35=93针

4~1~1 2~1~2 2~2~2 2~4~1 1~8~1

每行 针 次数 减

49.5=131针

(①花样编织) 5 号针、5/0号针

131针起针

55

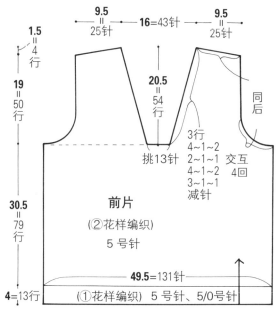

前片
(②花样编织)
5 号针

9.5=25针 16=43针 9.5=25针

1.5=4行

19=50行

20.5=54行 挑13针

3行 4~1~2 2~1~1 4~1~2 3~1~1 减针 交互4回

同后

30.5=79行

49.5=131针

(①花样编织) 5 号针、5/0号针

4=13行

131针起针

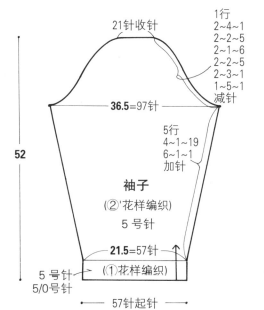

袖子
(②'花样编织)
5 号针

21针收针

1行 2~4~1 2~2~5 2~1~6 2~2~5 2~3~1 1~5~1 减针

36.5=97针

5行 4~1~19 6~1~1 加针

14.5=38行

33.5=87行

21.5=57针

5号针 5/0号针

(①花样编织)

4=13行

57针起针

52

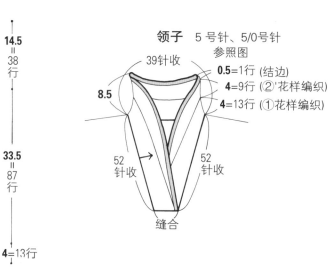

领子 5 号针、5/0号针 参照图

39针收

8.5

0.5=1行 (结边)

4=9行 (②'花样编织)

4=13行 (①花样编织)

52针收 52针收

缝合

②花样编织符号图

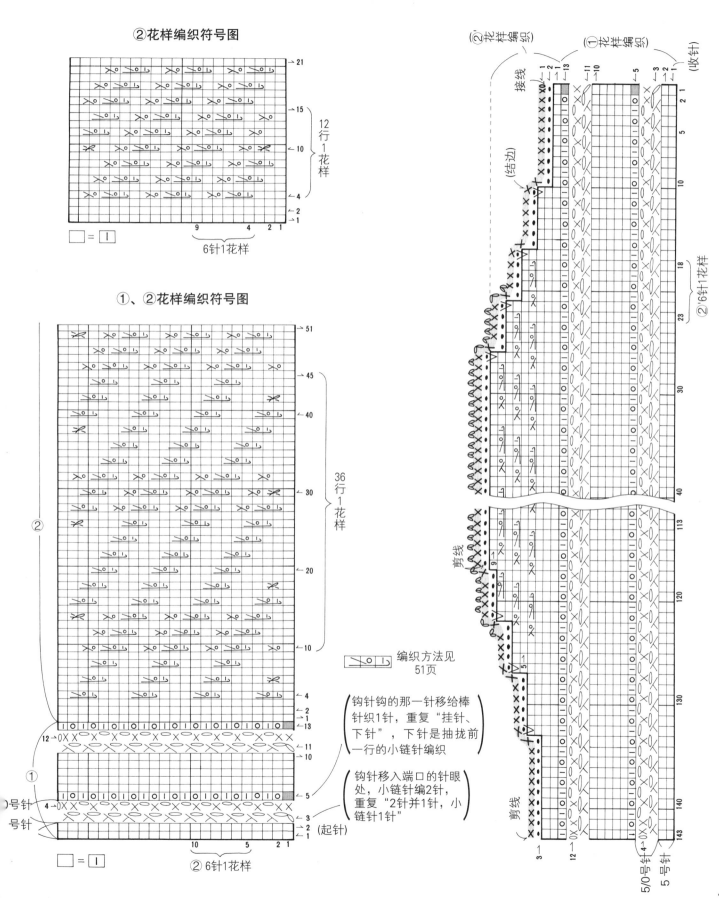

21

12
行
1
花
样

15

10

4

2
1

9   4   2 1

□ = □

6针1花样

①、②花样编织符号图

51

45

40

36
行
1
花
样

30

20

10

4
3
2
1

13

12 0X   X   11
10

5

① 3

0号针 4 0X   X
号针

2
(起针)

10   5   2 1

□ = □

②6针1花样

X0 1 编织方法见
51页

钩针钩的那一针移给棒
针织1针，重复"挂针、
下针"，下针是抽拢前
一行的小链针编织

钩针移入端口的针眼
处，小链针编2针，
重复"2针并1针，小
链针1针"

(②花拱编织)

(①花拱编织)

(收针)

接线

13 11 10   5   3 2
X0   1 2 1   1

(结边)

2 1

5

10

18

②'6针1花样

23

30

40

剪线

113

9

120

5

130

1

140

3

剪线

143

1

12

5/0号针 4 0X   4 0X 5号针

45

9page　艺术毛线前开衩马甲

◇**材料和工具**

线⋯nikkevictor毛线　MANNA

土黄色（802）235g

针⋯nikkevictor编针"爱梦"、clover针，

7/0、8/0号钩针

附件　直径2cm的纽扣3个

◇**完工尺寸**

胸围87cm　衣长50cm　后肩宽30cm

◇**编织针眼数**

花样编织　3.5花样×8行=10cm²

◇**编织方法**

用一股毛线编织。

衣片从肩部开始直到下摆，以花样编织方式编织。在右前片的肩部起针后编织A的部分，线搁置。同样方式在后片编织B，腋下起针后联结上右前片，把线剪断。同样方式在左前片编织C，腋下起针后联结上左片，把线剪断。用之前搁置的A部分的线，前后接续编织D部分。肩部以半针卷边缝接（P35），编领子时，在指定行换针编织，安上纽扣后完工。

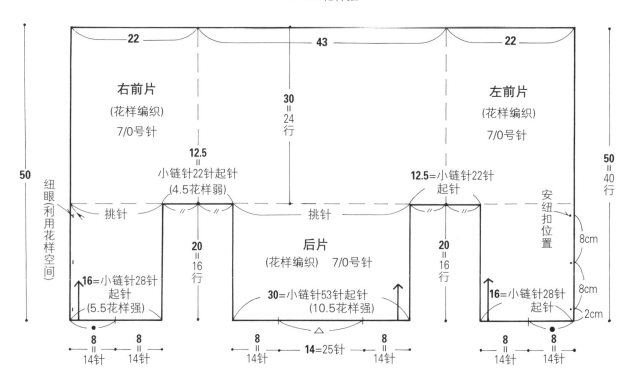

花样编织符号图

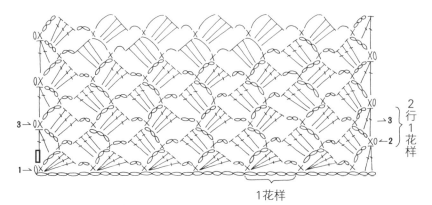

领子
(花样编织)

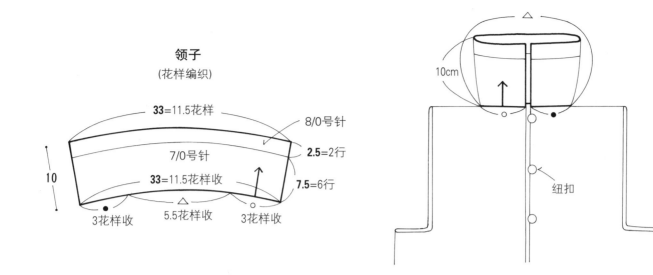

33=11.5花样
8/0号针
7/0号针
2.5=2行
33=11.5花样收
7.5=6行
10
3花样收
5.5花样收
3花样收
10cm
纽扣

腋下编织方法

1
16
X0
X0
从右边开始持续小链针
22针起针后向左抽线,
剪去线头
→1
←16
0X

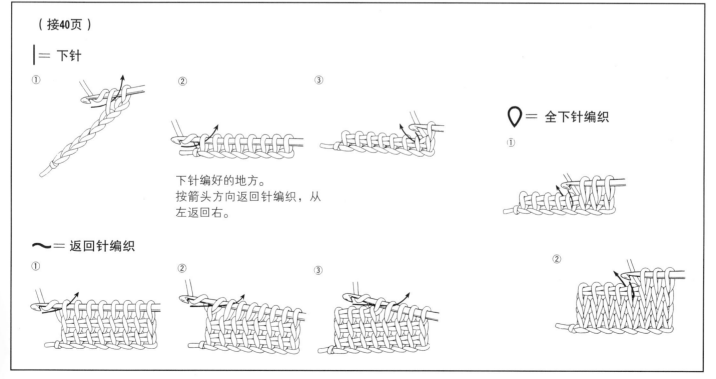

（接40页）

| = 下针

① ② ③

下针编好的地方。
按箭头方向返回针编织,从
左返回右。

○ = 全下针编织
①

〜 = 返回针编织

① ② ③ ②

10page 双色相邻交错的方格花纹设计织物

◇**材料和工具**

线…nikkevictor毛线　PIXY
焦茶色（911）225g

针…nikkevictor编针"爱梦"、clover针，6号、
5号棒针2根，5号、4号棒针5根，5/0号钩针
附件 长2cm的胸针别针1个

◇**完工尺寸**

胸围98cm　　衣长（右前片）51.5cm
后肩宽30cm　袖长50cm

◇**编织针眼数**

花样编织　（6号针）22针×30行＝10cm²
全下针编织　22针×32行＝10cm²

◇**编织方法**

用一股毛线编织。
因为衣片在前后中间缝合，所以右前片和右
后片、左前片和左后片连续编织。衣片、袖
子以一般方式起针，1行上针1行下针编织、
花样编织、全下针编织全部如图所示。肩部
缝合，前后中间缝合。领子以2针上2针下
编织，一边加针一边在指定行换针编织直到
织完。在袖子底部连接上袖子。做固定纽
扣的纽环，纽扣编好后安上。胸针编好后即
完成。

1行上针1行下针编织及花样编织符号图

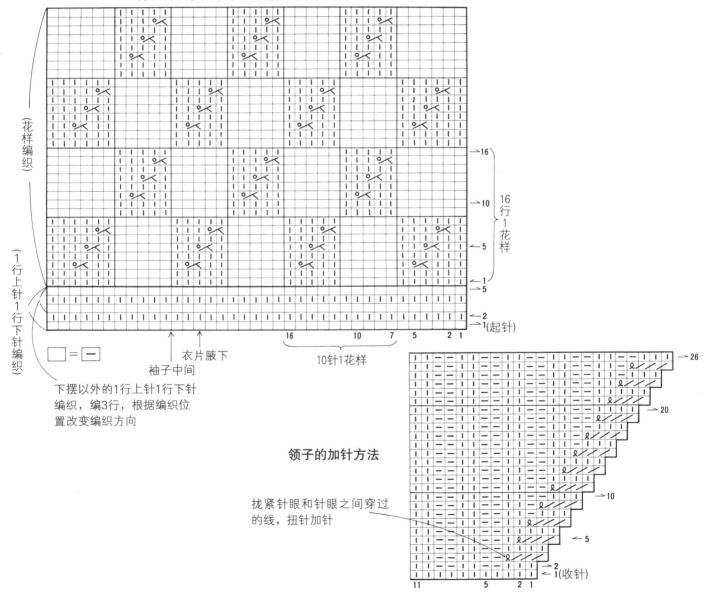

（花样编织）

（1行上针1行下针编织）

□ ＝ ―

下摆以外的1行上针1行下针
编织，编3行，根据编织位
置改变编织方向

衣片腋下
袖子中间

16行1花样

10针1花样

领子的加针方法

拢紧针眼和针眼之间穿过
的线，扭针加针

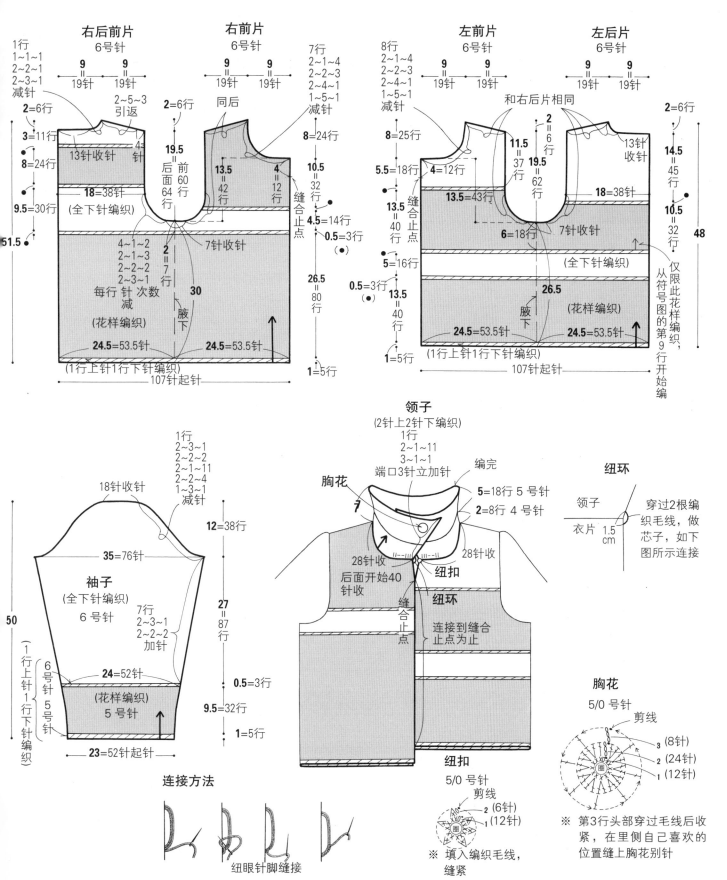

右后前片
6号针

右前片
6号针

左前片
6号针

左后片
6号针

1行
1~1~1
2~2~1
2~3~1
减针

2=6行

3=11行

8=24行

9.5=30行

51.5

9
19针
9
19针
13针收针

18=38针

(全下针编织)

4~1~2
2~1~3
2~2~2
2~3~1
每行 针 次数
减
(花样编织)

2~5~3
引返

24.5=53.5针
(1行上针1行下针编织)
107针起针

24.5=53.5针

7针收针

2
=
7
行

30

腋
下

2=6行

19.5
=
前
面
60
64
行
后
面

9
19针
9
19针
同后

13.5
=
42
行

4
=
12
行

7行
2~1~4
2~2~3
2~4~1
1~5~1
减针

8=24行

10.5
=
32
行

4.5=14行

0.5=3行
(●)

26.5
=
80
行

缝合
止点

1=5行

8行
2~1~4
2~2~3
2~4~1
1~5~1
减针

和右后片相同

5.5=18行

13.5
=
40
行

5=16行

0.5=3行
(●)

13.5
=
40
行

9
19针
9
19针

4=12行

13.5=43行

6=18针

24.5=53.5针

11.5
=
37
行

19.5
=
62
行

7针收针

(全下针编织)

(花样编织)

腋
下

26.5

24.5=53.5针
(1行上针1行下针编织)
107针起针

2
=
6
行

2=6行

14.5
=
45
行

10.5
=
32
行

48

13针
收针

18=38针

仅限此花样编织,
从符号图的第9行开始编

1行
2~3~1
2~2~2
2~1~11
2~2~4
1~3~1
减针

18针收针

35=76针

袖子
(全下针编织)
6 号针

7行
2~3~1
2~2~2
加针

24=52针

(花样编织)
5 号针

23=52针起针

6
号
针

5
号
针

(1行上针1行下针编织)

50

12=38行

27
=
87
行

0.5=3行

9.5=32行

1=5行

领子
(2针上2针下编织)
1行
2~1~11
3~1~1
端口3针立加针

胸花

7

编完

5=18行 5 号针

2=8行 4 号针

28针收针

28针收

28针收
后面开始40
针收

缝
合
止点

纽扣

纽环

纽环
连接到缝合
止点为止

纽环

领子

衣片 1.5 cm

穿过2根编织毛线,做芯子,如下图所示连接

连接方法

纽眼针脚缝接

纽扣
5/0 号针
剪线

2(6针)
1(12针)

圈

※ 填入编织毛线,
缝紧

胸花
5/0 号针

剪线

3(8针)
2(24针)
1(12针)

圈

※ 第3行头部穿过毛线后收
紧,在里侧自己喜欢的
位置缝上胸花别针

11page 变形缆绳的V字领毛衣

◇材料和工具

线…nikkevictor 毛线　BEAU

淡灰色（753）240g

针…nikkevictor 编针 "爱梦"、clover 针，6号、4号棒针2根、4号棒针5根

◇完工尺寸

胸围92cm　衣长54.5cm

后肩宽36cm　袖长14cm

◇编织针眼数

全下针编织　22针×36行＝10cm²

花样编织　26针＝7cm，36行＝10cm

◇编织方法

用一股毛线编织。

前后片、袖子是以2针上2针下起针方式起针后一直以2针上2针下起针方式编织，接着的后片和袖子是全下针编织，前片部分的全下针编织和花样编织按图所示。肩部缝合，领窝2针上2针下环编，前后中间部分如图所示减针。腋下和袖子底部缝合，安上袖子后完成。

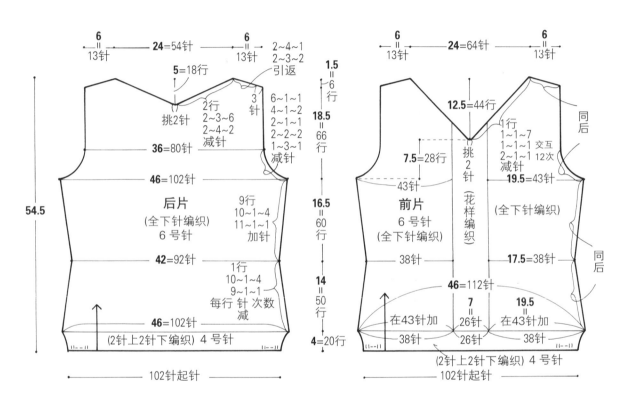

后片
(全下针编织)
6 号针

6=13针　24=54针　6=13针
5=18行
挑2针
2行
2~3~6
2~4~2 减针
36=80针
46=102针
9行
10-1~4
11-1~1 加针
42=92针
1行
10-1~4
9-1~1
每行 针 次数 减
46=102针
(2针上2针下编织) 4 号针
102针起针
54.5

2~4~1
2~3~2
引返
6-1~1
4-1~2
2-1~1
2-2~2
1-3~1 减针

1.5=6行
18.5=66行
16.5=60行
14=50行
4=20行

前片
6 号针
(全下针编织)

6=13针　24=64针　6=13针
12.5=44行
7.5=28行
43针
挑2针
(花样编织)
1行
1-1~7
1-1~1
2-1~1 交互 12次 减针
19.5=43针
(全下针编织)
38针
17.5=38针
46=112针
7=26针
19.5 在43针加
在43针加
38针　26针　38针
(2针上2针下编织) 4 号针
102针起针

同后
同后

袖子
(全下针编织)
6 号针
12针收针
34=74针
(2针上2针下编织) 4 号针
74针起针
14
12.5=44行
1.5=6行

1行
2~4~1
2~1~7
4~1~1
2~1~8
2~2~2
2~3~1
1~4~1 减针

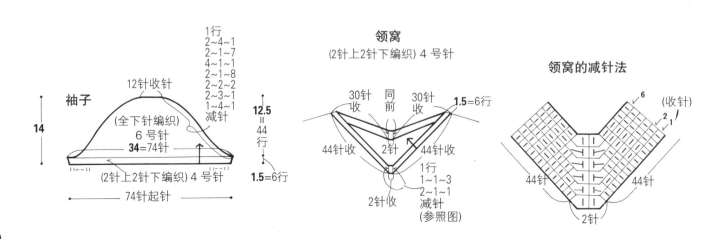

领窝
(2针上2针下编织) 4 号针

30针收　同前　30针收
1.5=6行
44针收　2针　44针收
1行
1~1~3
2~1~1 减针
2针收
(参照图)

领窝的减针法

6 (收针)
2
1
44针　44针
2针

花样编织符号图

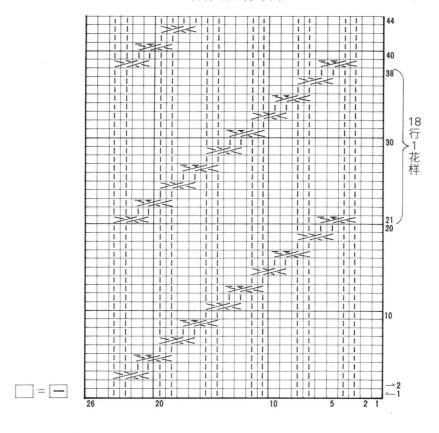

18 行 1 花样

□ = —

前片加针方法

（花样编织） （全下针编织）

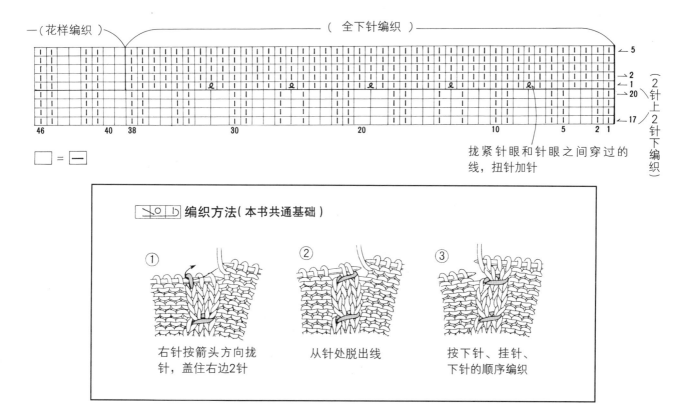

（2 针上 2 针下编织）

拢紧针眼和针眼之间穿过的线，扭针加针

□ = —

编织方法（本书共通基础）

① 右针按箭头方向拢针，盖住右边2针

② 从针处脱出线

③ 按下针、挂针、下针的顺序编织

51

11page 富有华丽感的钩针编织马甲

◇**材料和工具**

　线…nikkevictor毛线　**BEAU**

　黑色（765）155g

　针…nikkevictor编针"爱梦"、clover针，

　7/0号钩针

◇**完工尺寸**

　胸围94cm　衣长54cm　后肩宽36cm

◇**编织针眼数**

　卷3次长针编织　1行=2cm

◇**编织方法**

用一股毛线编织。

前后片的线头呈环状,花样编织和方眼编织部分如图所示。肩部和腋下以半针卷边缝接（P35）。在领窝处按①环编结边,在袖笼处按②环编结边,在下摆处按③环编结边,完成。

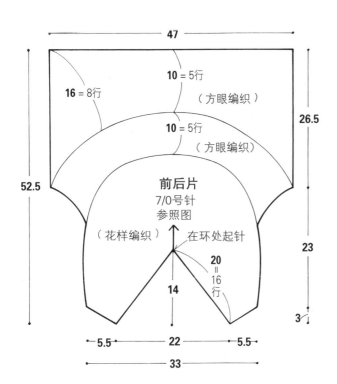

领窝、袖笼、下摆 7/0号针

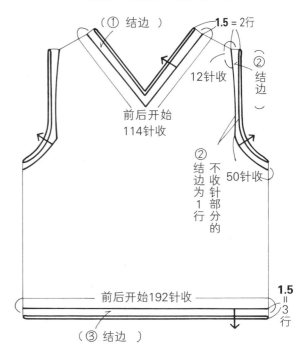

开始编圆形

 在线端呈现出环状时

编完必要针数后,

抽紧这一线端

 小链针编后呈环状时

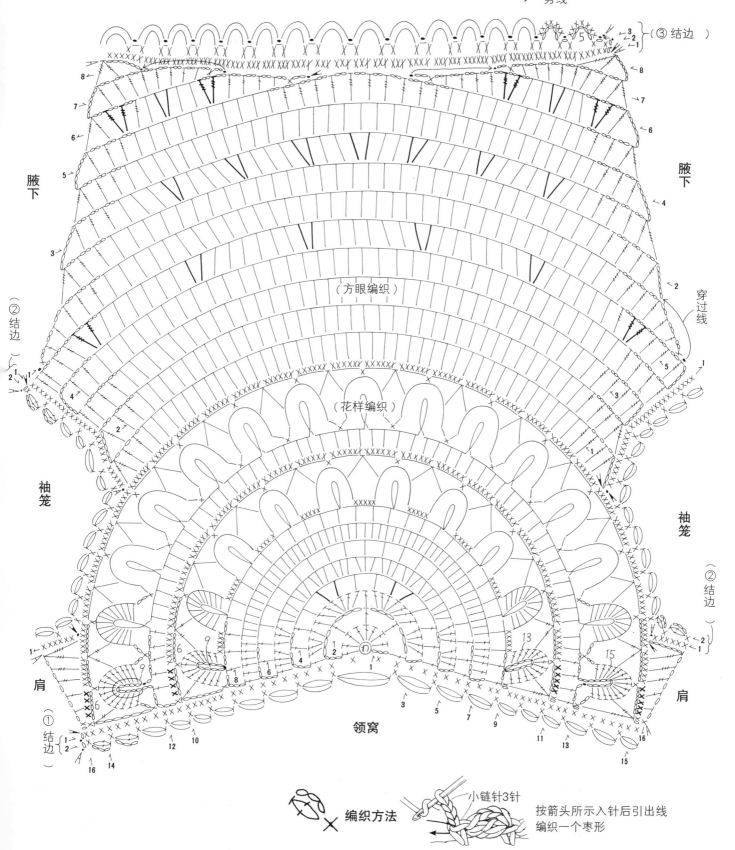

53

AUTUMN & WINTER KNIT

15page　大环领的时髦毛衣

◇**材料和工具**

线…nikkevictor毛线　BEAU

茶灰色（759）480g

针…nikkevictor编针"爱梦"、clover针，6号、4号棒针2根，6号棒针4根，4号、3号棒针5根

◇**完工尺寸**

胸围99cm　衣长56cm

后肩宽36.5cm　袖长54.5cm

◇**编织针眼数**

花样编织　30针×31行＝10cm²

全下针编织　24针＝9cm，31行＝10cm

◇**编织方法**

用一股毛线编织。

前后片、袖子以一般方式起针后上下针编织，接下来全下针编织和花样编织部分如图所示，仅仅袖子的上下针编织部分用4号针来编织。领子也以同样方式起针后环编，一边以上下针方式编织一边换针，直到织完为止。肩部缝合，在领窝处重合领子，正面、反面都锁缝。腋下和袖子底部缀接，安上袖子后完成。

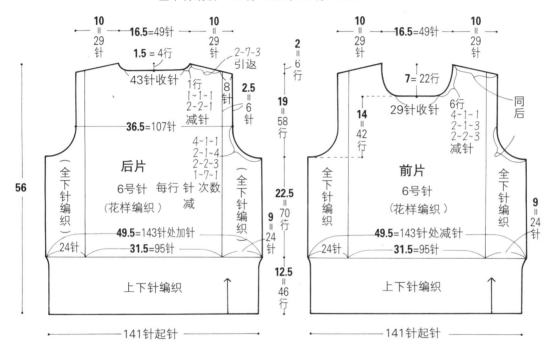

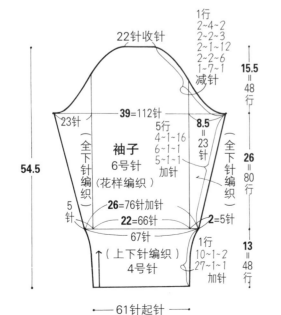

领子（上下针编织）

领子的连接方法

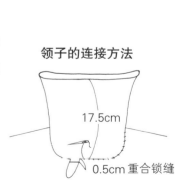

54

花样编织符号图

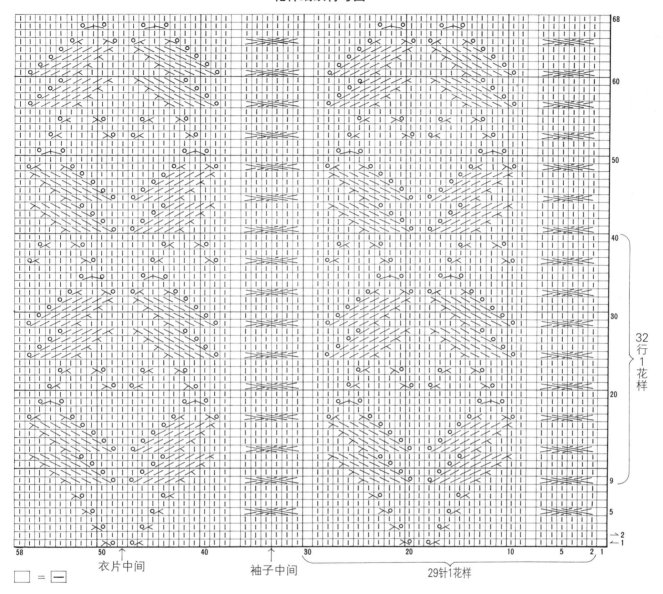

□ = —

衣片中间

袖子中间

58　　50　　　40　　　　30　　20　　10　　5　　2　1

32行1花样

29针1花样

上下针编织符号图

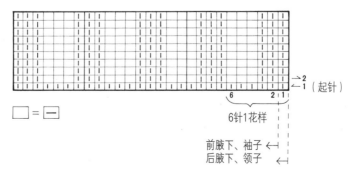

□ = —

6针1花样

前腋下、袖子 ←
后腋下、领子 ←

◇**材料和工具**
线···nikkevictor毛线　MANNA
红色（807）350g
针···nikkevictor编针"爱梦"、clover针，
6号棒针2根、4根、5/0号钩针
◇**完工尺寸**
胸围95cm　衣长54.5cm
后肩宽35.5cm　袖长50.5cm
◇**编织针眼数**
花样编织　20.5针×28行＝10cm²

◇**编织方法**
用一股毛线编织。
前后片、袖子以一般方式起针后，花样编织
如图所示。肩部缝合，在领窝处1针上1针
下环编，直到织完。腋下和袖子底部缝合。
下摆、袖口、领窝以环编方式结边，安上袖子
后完成。

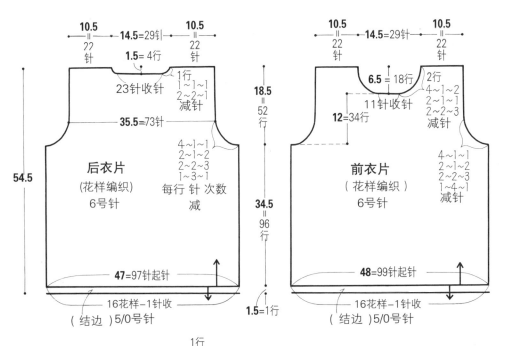

后衣片
10.5 = 22针　14.5 = 29针　10.5 = 22针
1.5 = 4行
23针收针
1行
1~1~1
2~2~1
减针
35.5 = 73针
54.5
后衣片
（花样编织）
6号针
每行 针 次数
减
4~1~1
2~1~2
2~2~3
1~3~1
47 = 97针起针
16花样-1针收
（结边）5/0号针

前衣片
10.5 = 22针　14.5 = 29针　10.5 = 22针
6.5 = 18行
11针收针
2行
4~1~1
2~1~1
2~2~3
减针
12 = 34行
18.5 = 52行
34.5 = 96行
1.5 = 1行
前衣片
（花样编织）
6号针
4~1~1
2~1~2
2~2~3
1~4~1
减针
48 = 99针起针
16花样-1针收
（结边）5/0号针

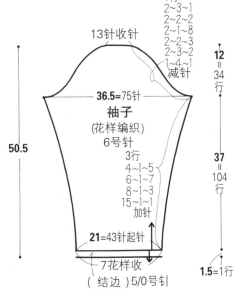

袖子
1行
2~3~1
2~2~2
2~1~8
2~2~3
2~3~2
1~4~1
减针
13针收针
36.5 = 75针
12 = 34行
50.5
袖子
（花样编织）
6号针
3行
4~1~5
6~1~7
8~1~3
15~1~1
加针
37 = 104行
21 = 43针起针
7花样收
（结边）5/0号针
1.5 = 1行

领窝
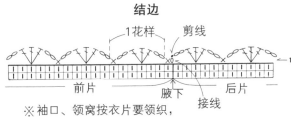
35针收　1.5 = 1行
4
织完
2.5 = 7行
（结边）5/0号针
前后开始16
花样收
49针收
（1针上1针下编织）
6号针

结边
1花样　剪线
前片　腋下　接线　后片
1

※袖口、领窝按衣片要领织，
注意保持良好间距的平衡感。

花样编织符号图

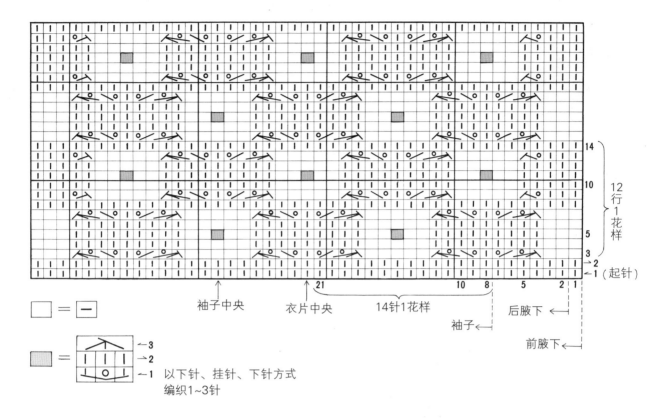

□ = —

▨ =
以下针、挂针、下针方式
编织1~3针

袖子中央　衣片中央　14针1花样

12行1花样

袖子　后腋下　前腋下

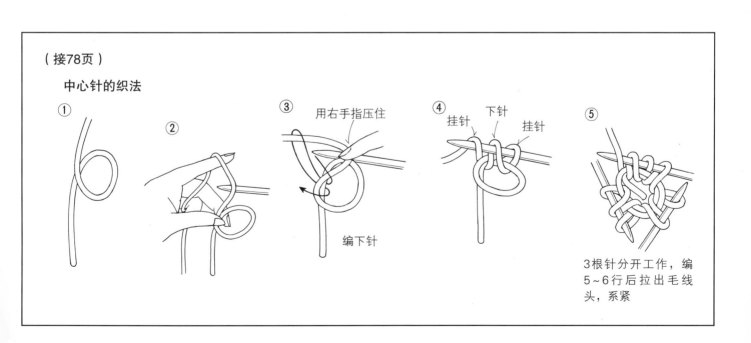

（接78页）

中心针的织法

① ② ③ 用右手指压住 编下针 ④ 挂针 下针 挂针 ⑤ 3根针分开工作，编5~6行后拉出毛线头，系紧

17page 清透的马海毛毛衣

◇**材料和工具**
线…nikkevictor毛线　PIXY
绿色（907）225g
针…nikkevictor编针"爱梦"、clover针，6
号棒针2根、4根

◇**完工尺寸**
胸围92cm　衣长55.5cm
后肩宽37.5cm　袖长49cm

◇**编织针眼数**
②花样编织　21.5针×28行＝10cm²

◇**编织方法**
用一股毛线编织。
前后片、袖子以一般方式起针后按图所示编织花样①，接下来编织花样②。肩部缝合，在领窝处按花样②方式环编，前面中间的花样和衣片接续，1行上针1行下针直到编完为止。腋下和袖子底部缀接，安上袖子后完成。

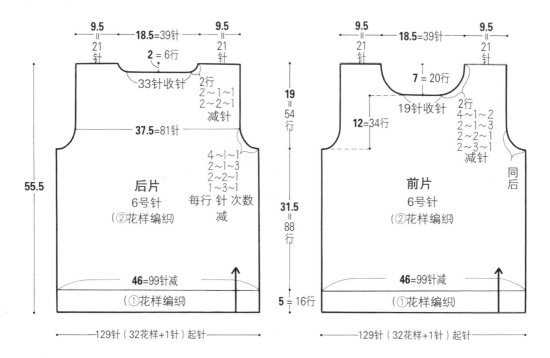

后片
6号针
（②花样编织）

9.5＝21针　18.5＝39针　9.5＝21针
2＝6行
33针收针
2行
2～1～1
2～2～1
减针
37.5＝81针
4～1～1
2～1～3
2～2～1
1～3～1
每行 针 次数
减
55.5
46＝99针减
（①花样编织）
129针（32花样+1针）起针

前片
6号针
（②花样编织）

9.5＝21针　18.5＝39针　9.5＝21针
7＝20行
19针收针
2行
4～1～2
2～1～3
2～2～1
2～3～1
减针
12＝34行
19＝54行
31.5＝88行
5＝16行
同后
46＝99针减
（①花样编织）
129针（32花样+1针）起针

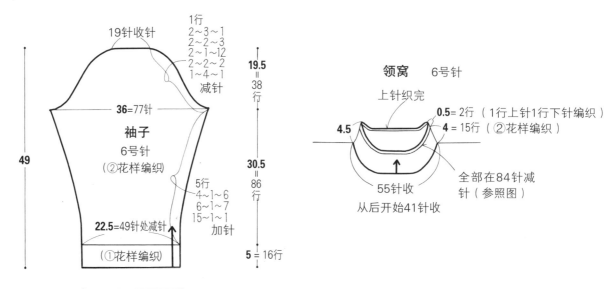

袖子
6号针
（②花样编织）

19针收针
1行
2～3～1
2～2～3
2～1～12
2～2～2
1～4～1
减针
36＝77针
5行
4～1～6
6～1～7
15～1～1
加针
22.5＝49针处减针
（①花样编织）
49
19.5＝38行
30.5＝86行
5＝16行
61针（15花样+1针）起针

领窝　6号针
上针织完
0.5＝2行（1行上针1行下针编织）
4＝15行（②花样编织）
4.5
全部在84针减针（参照图）
55针收
从后开始41针收

花样编织符号图

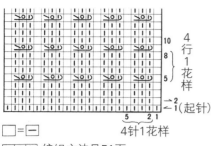

□＝｜－｜

＞○｜＞　编织方法见51页

4行1花样

→2
→1（起针）

5　2 1

4针1花样

领窝的1行上针1行下针编织符号图

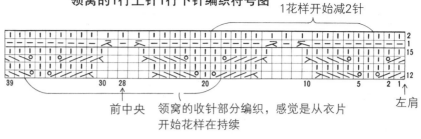

1花样开始减2针

39　　30 28　　　20　　　10　　5　2 1

2
15
12

前中央　领窝的收针部分编织，感觉是从衣片
开始花样在持续

左肩

② 花样编织符号图

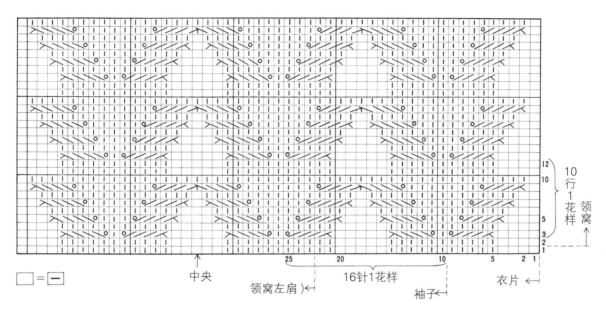

□＝｜－｜

中央

领窝左肩）←

25　　20　　　10　　5　2 1

16针1花样

袖子←

衣片←

12
10
3
2
1

10
行
1
花
样

领
窝

――――（本书通用基础）――――

〜
╳　后细针编织

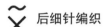

1

小链针1针

针在手前绕后按箭头方
向拢起

2

在针上绕上线，
按箭头方向抽出

3

和细针编织同样
要领进行编结

4

重复1~3，从左侧
向右侧编进

5

╳　细针编织的筋编

1

编完的那一针在编织物
的对面一侧引出

2

开始编小链针1针

3

开始小链针1针

只拢紧前一行头部小
链针对面一侧的线

4

细针编织

5

前一行头部的小链针外侧
的线剩在那里，把条纹编
出立体感

□　小链针3针的小环饰边

1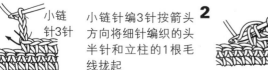

小链
针3针

小链针编3针按箭头
方向将细针编织的头
半针和立柱的1根毛
线拢起

2

在针上绕上线，全部
线一次收紧后抽出

3

抽出编织

完成的下一针处开始
细针编织

59

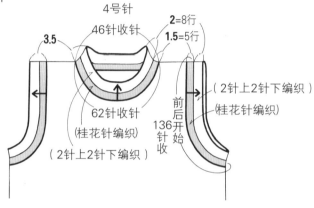

AUTUMN & WINTER KNIT
18page　简单马甲

◇**材料和工具**

　线…nikkevictor毛线　SOLFA

　红茶色（407）270g

　针…nikkevictor编针"爱梦"、clover针，6号、4号棒针2根、4号棒针5根

◇**完工尺寸**

　胸围94cm　　衣长54cm　　后肩宽38cm

◇**编织针眼数**

　全下针编织　　19针=8.5cm，33行=10cm

　花样编织　　81针=30cm，33行=10cm

◇**编织方法**

用一股毛线编织。

前后片宽松起针，全下针编织和花样编织如图所示。起针松散状态收针，下摆以桂花针和2针上2针下方式编织。肩部缝合，腋下缝合。在领窝、袖笼处以桂花针和2针上2针下方式环编，完成。

领窝、袖笼

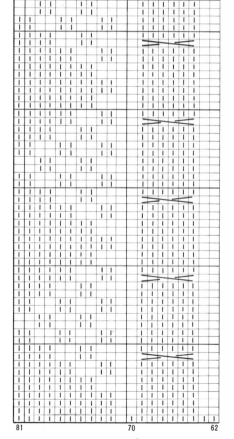

4号针

46针收针

2=8行

1.5=5行

3.5

62针收针

（桂花针编织）

（2针上2针下编织）

136针收

前后开始收

（2针上2针下编织）

（桂花针编织）

桂花针编织和2针上2针下编织符号图

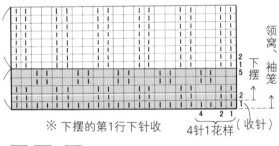

（2针上2针下编织）（桂花针编织）

领窝、袖笼

下摆

※下摆的第1行下针收

4针1花样（收针）

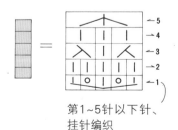

第1~5针以下针、挂针编织

□ － ＝ ─

81　　70　　62

60

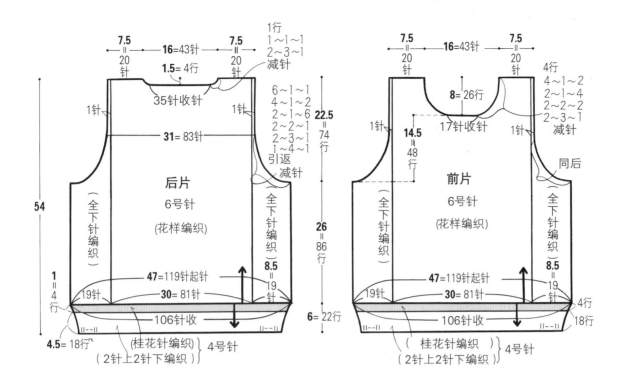

花样编织符号图

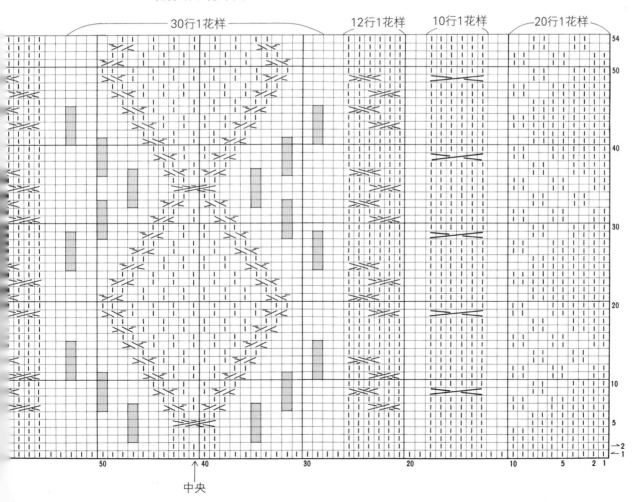

19page　高领的基础编织

◇材料和工具

　线…nikkevictor毛线　BEAU

　米色(758) 255g

　针…nikkevictor编针"爱梦"、clover针，

　5号棒针2根、3号棒针4根，3/0号钩针

◇完工尺寸

　胸围92cm　衣长56.5cm　后肩宽39cm

◇编织针眼数

全下针编织　24针×33行=10cm²

花样编织　47针=15cm，33行=10cm

◇编织方法

用一股毛线编织。

前后片以一般方式起针，全下针编织和花样编织如图所示。肩部缝合，腋下缀接。下摆、领窝和袖笼在织物指定位置环编，完成。

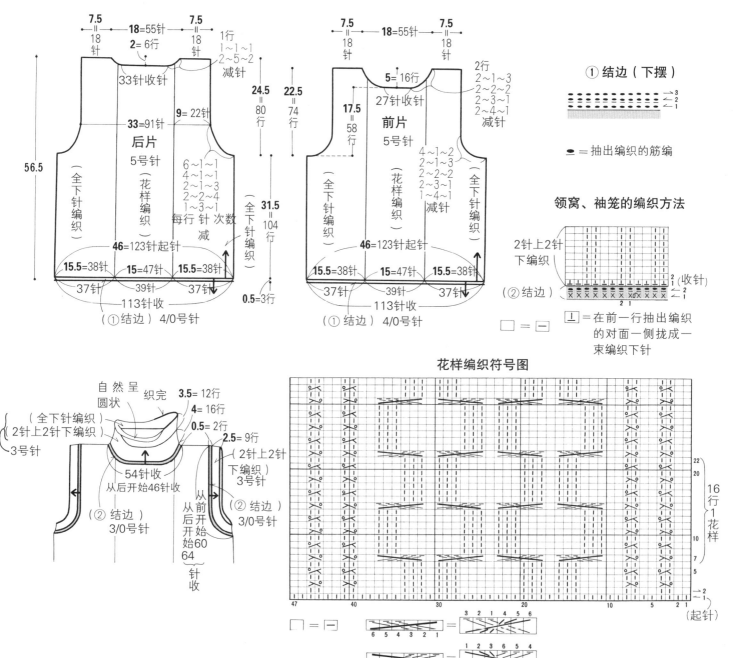

① 结边（下摆）

● = 抽出编织的筋编

领窝、袖笼的编织方法

2针上2针下编织

（② 结边）

□ = 一

⊥ = 在前一行抽出编织的对面一侧拢成一束编织下针

花样编织符号图

16行1花样

□ = 一

13page 带有波形褶边的前开马甲

◇**材料和工具**
线…nikkevictor毛线　MOLESQUE
蓝灰色（9）140g
针…nikkevictor编针"爱梦"、clover针，
7/0号钩针

◇**完工尺寸**
后宽度43cm　　衣长48.5cm　　后肩宽38cm

◇**编织针眼数**
花样编织　20针×8行＝10cm²

◇**编织方法**
用一股毛线编织。
衣片以小链针起针，前后连续以花样编织法一直编到腋下。依照从袖笼开始到右前片、后片、左前片这样的顺序各自编织到肩部为止。肩部以半针卷边缝接（P35）。下摆按①结边，前门襟领按②结边，如图所示按①的第1行，②的第1、2行，①的第2行，②的第3行这样顺序编织。在袖笼处按①环编结边，完成。

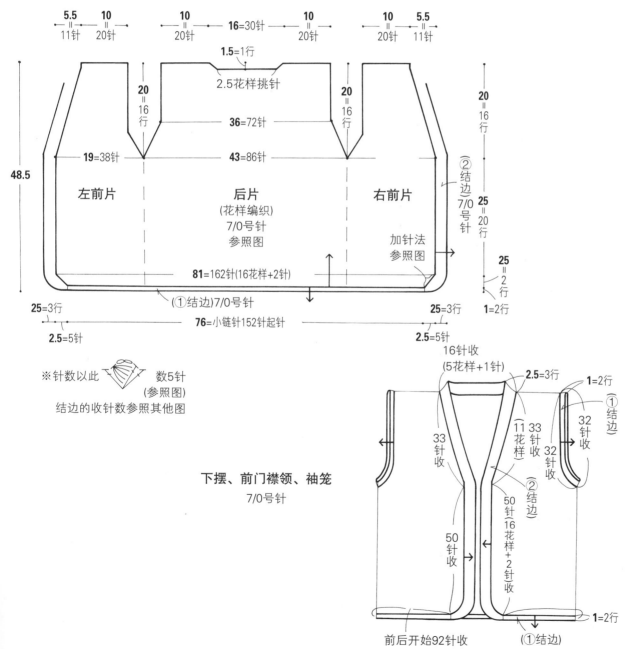

5.5　11针　10　20针　10　20针　16＝30针　10　20针　10　20针　10　20针　5.5　11针

1.5＝1行
2.5花样挑针
20＝16行
36＝72针
19＝38针　43＝86针
48.5
左前片　后片（花样编织）7/0号针 参照图　右前片
加针法 参照图
81＝162针(16花样+2针)
（①结边）7/0号针
25＝3行　76＝小链针152针起针　25＝3行
2.5＝5针　2.5＝5针

20＝16行
（②结边）7/0号针
25＝20行
25＝2行　1＝2行

※针数以此　数5针
（参照图）
结边的收针数参照其他图

下摆、前门襟领、袖笼
7/0号针

16针收（5花样+1针）
2.5＝3行　1＝2行
33针收　（11花样）　33针收　32针收　32针收
①结边
50针收　②结边
50针收（16花样+2针收）　②结边
1＝2行
前后开始92针收　（①结边）

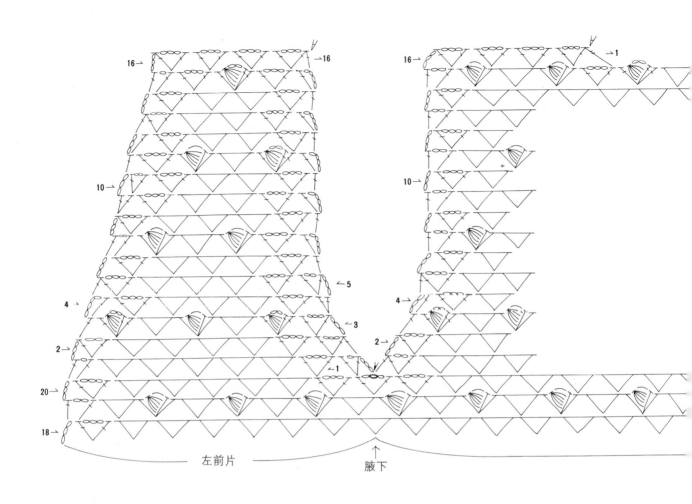

16→
→16
16→
→1
10→
10→
←5
4→
←3
2→
2→
20→
←1
18→

左前片
腋下

花样编织符号图

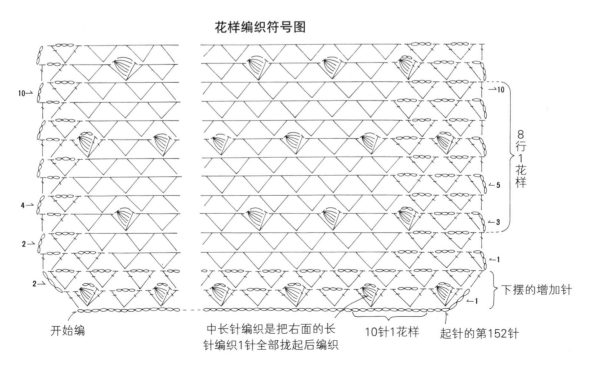

10→
→10
4→
←5
2→
←3
2→
←1

8行1花样

下摆的增加针

开始编
中长针编织是把右面的长针编织1针全部拨起后编织
10针1花样
起针的第152针

64

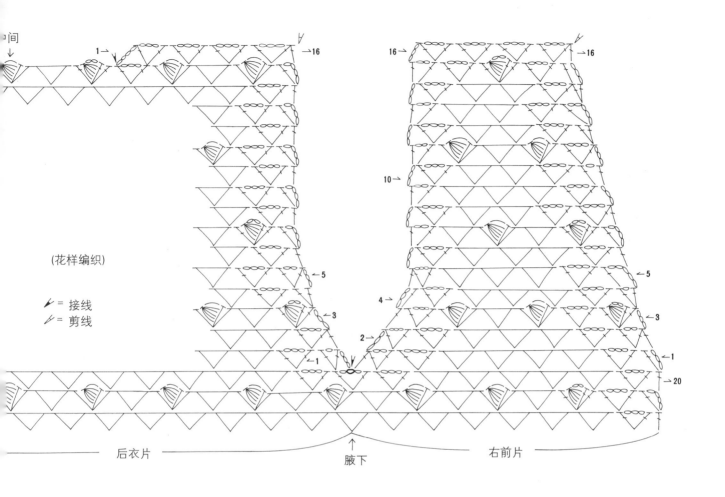

(花样编织)

✓ = 接线
✓ = 剪线

→16

16← →16

1→

10→

←5 ←5

4→ →3

←1 ←3

2→

←1 →1

→20

←──── 后衣片 ────→ ↑腋下 ←── 右前片 ──→

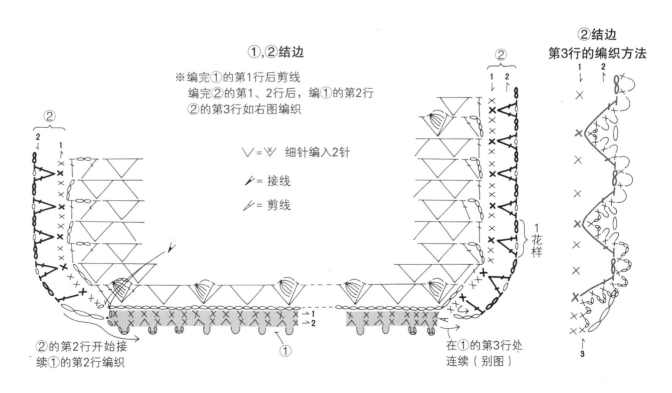

①,②结边

※编完①的第1行后剪线
编完②的第1、2行后,编①的第2行
②的第3行如右图编织

∨ = ⩔ 细针编入2针

✓ = 接线

✓ = 剪线

②结边
第3行的编织方法

②
1 2
↓ ↑

②
2 1
↓ ↑

②
2 1
↓ ↑

1
花样

②的第2行开始接
续①的第2行编织

①

→1
→2

在①的第3行处
连续(别图)

↑
3

65

21page 编入亮点的苏格兰式毛衣

◇材料和工具

线…nikkevictor毛线　EXCEL TWEED

沙米色(151) 370g,黑色(162) 25g

针…nikkevictor编针"爱梦"、clover针、7号、6号棒针2根、6号棒针4根、5/0号钩针

◇完工尺寸

胸围93cm　　衣长57.5cm

后肩宽33.5cm　　袖长52cm

◇编织针眼数

②花样编织　　20针×32行 = 10cm²

◇编织方法

用一股毛线编织,指定以外部分用沙米色毛线编织。

前后片、袖子以一般方式起针后按①、②花样编织,编入的花样如图所示,在指定行换针编织。肩部缝合,在领窝处按①花样编织方式环编,织完。腋下和袖子底部缀接,安上袖子后完成。

编入花样

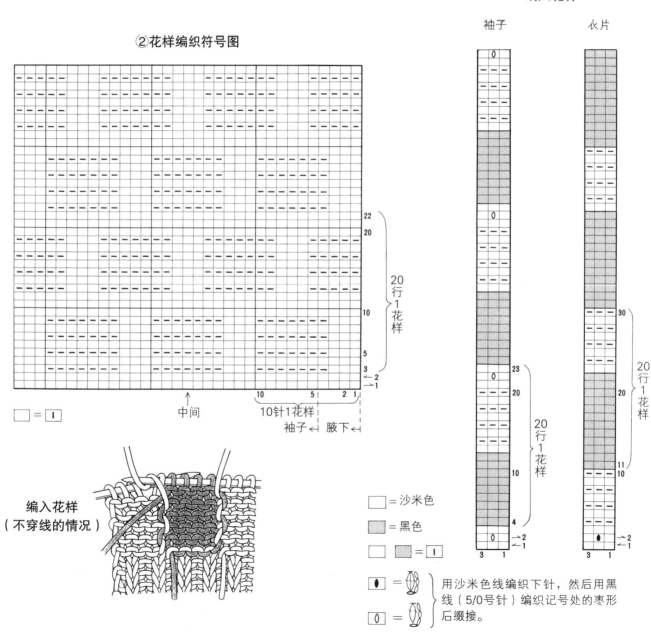

②花样编织符号图

□ = I

中间

10针1花样

袖子　腋下

编入花样
（不穿线的情况）

袖子　　衣片

22　20

20行1花样

10

5

3　2
1

10　　5　2 1

30

20行1花样

20

11
10

23　20

20行1花样

10

4

2
1

3　1

□ =沙米色

▨ = 黑色

□ ▨ = I

● = 用沙米色线编织下针,然后用黑线（5/0号针）编织记号处的枣形后缀接。

○ =

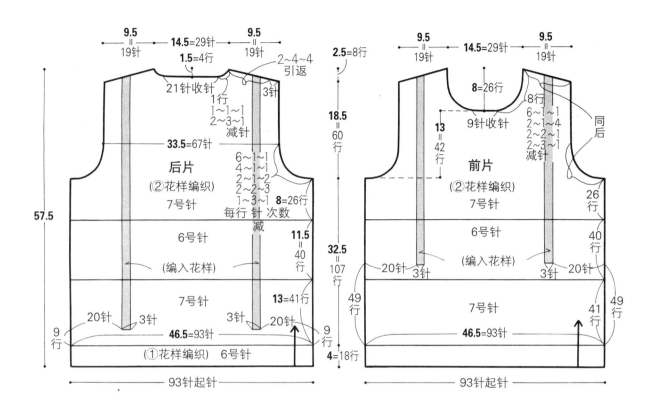

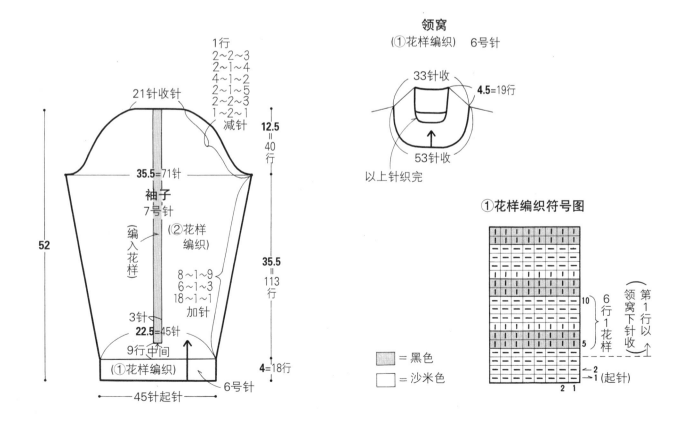

23page 缆绳花式的毛衣

◇**材料和工具**

线⋯nikkevictor毛线　SOLFA

蓝色（409）410g

针⋯nikkevictor编针"爱梦"、clover针，

6号棒针2根、4根

◇**完工尺寸**

胸围92cm　　衣长52cm

后肩宽35cm　　袖长50cm

◇**编织针眼数**

②花样编织　　27针×33行＝10cm²

◇**编织方法**

用一股毛线编织。

前后片、袖子以一般方式起针后按①花样编织，接下来花样编织②的部分如图所示，肩部缝合，在领窝处按①花样编织方式环编，织完。腋下和袖子底部缀接，安上袖子后完成。

①、②花样编织符号图

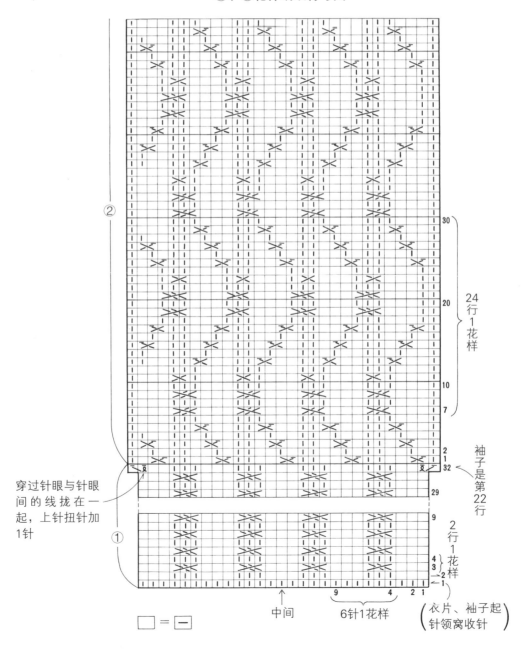

穿过针眼与针眼间的线拢在一起，上针扭针加1针

□ = —

中间

6针1花样

（衣片、袖子起针领窝收针）

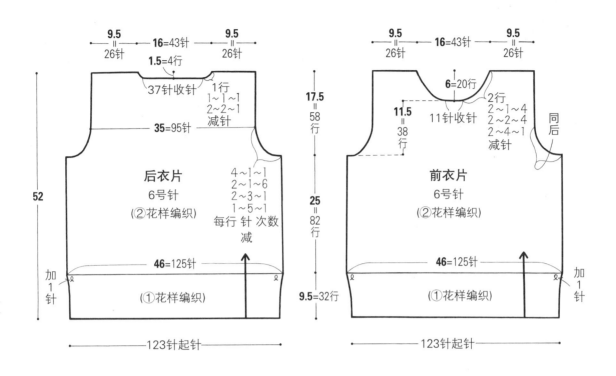

后衣片
6号针
(②花样编织)

9.5 = 26针
16 = 43针
9.5 = 26针
1.5 = 4行
37针收针

1行
1~1~1
2~2~1
减针

35 = 95针

4~1~1
2~1~6
2~3~1
1~5~1
每行 针 次数
减

46 = 125针

(①花样编织)

52

加1针

123针起针

前衣片
6号针
(②花样编织)

9.5 = 26针
16 = 43针
9.5 = 26针
6 = 20行
11针收针

2行
2~1~4
2~2~4
2~4~1
减针
同后

11.5 = 38行

17.5 = 58行

25 = 82行

9.5 = 32行

46 = 125针

(①花样编织)

加1针

123针起针

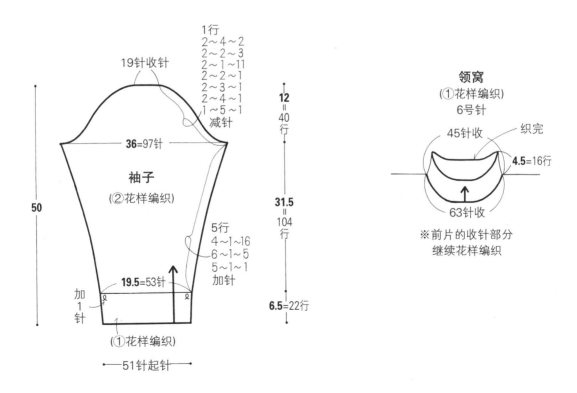

袖子
(②花样编织)

19针收针

1行
2~4~2
2~2~3
2~1~11
2~2~1
2~3~1
2~4~1
1~5~1
减针

36 = 97针

5行
4~1~16
6~1~5
5~1~1
加针

19.5 = 53针

12 = 40行

31.5 = 104行

6.5 = 22行

50

加1针

(①花样编织)

51针起针

领窝
(①花样编织)
6号针

45针收
织完
4.5 = 16行
63针收

※前片的收针部分
继续花样编织

24page 彩色粉笔画般色调的半袖毛衣

◇材料和工具

线…nikkevictor毛线　SOLFA

粉红色、淡青绿、本白色的混合（401）330g

针…nikkevictor编针"爱梦"、clover针，

6号棒针2根、4根

◇**完工尺寸**

胸围94cm　衣长53cm

后肩宽35cm　袖长27cm

◇**编织针眼数**

②花样编织　26针×33行＝10cm²

◇编织方法

用一股毛线编织。

前后片、袖子以一般方式起针后按①花样编织,接下来花样编织②的部分如图所示,肩部缝合,领子按①花样编织方式环编,织完。腋下和袖子底部缀接,安上袖子后完成。

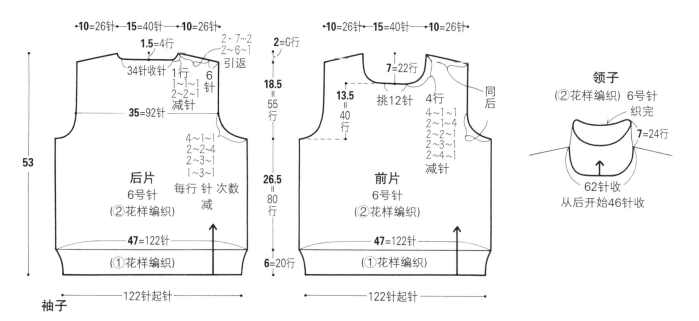

领子

（②花样编织）6号针
织完

7＝24行

62针收

从后开始46针收

袖子

后片
6号针
（②花样编织）

前片
6号针
（②花样编织）

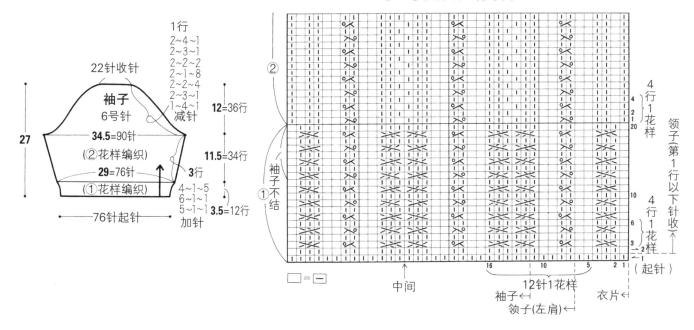

①、②花样编织符号图

袖子
6号针

22针收针

34.5＝90针
（②花样编织）

29＝76针
（①花样编织）

76针起针

AUTUMN & WINTER KNIT

20page 横织的运动感马甲

◇ **材料和工具**

线…nikkevictor 毛线　MANNA

红色（807）240g

针…nikkevictor 编针"爱梦"、clover 针,

7号棒针2根，6号棒针4根

◇ **完工尺寸**

胸围 104cm　衣长 53.5cm

后肩宽 35cm　袖子 29cm

◇ **编织针眼数**

全下针编织　17.5针 × 26.5行 = 10cm^2

花样编织　17.5针 × 30行 = 10cm^2

◇ **编织方法**

用一股毛线编织,前后片以一般方式起针。
如图所示,一边进行引返编织,一边进行全
下针编织和花样编织。肩部缝合,领子和腋
下联结,下摆和袖笼以全下针环编直到织
完。

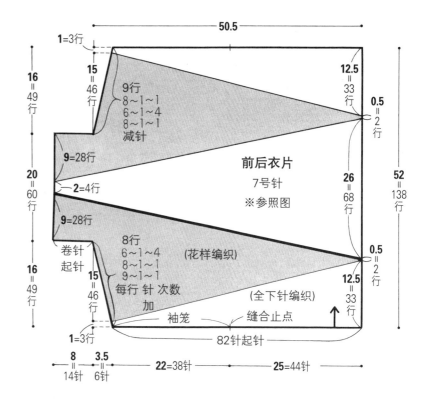

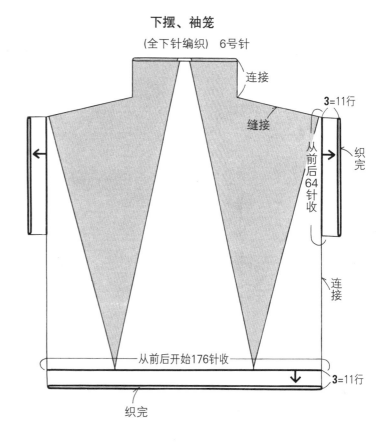

下摆、袖笼

（全下针编织）　6号针

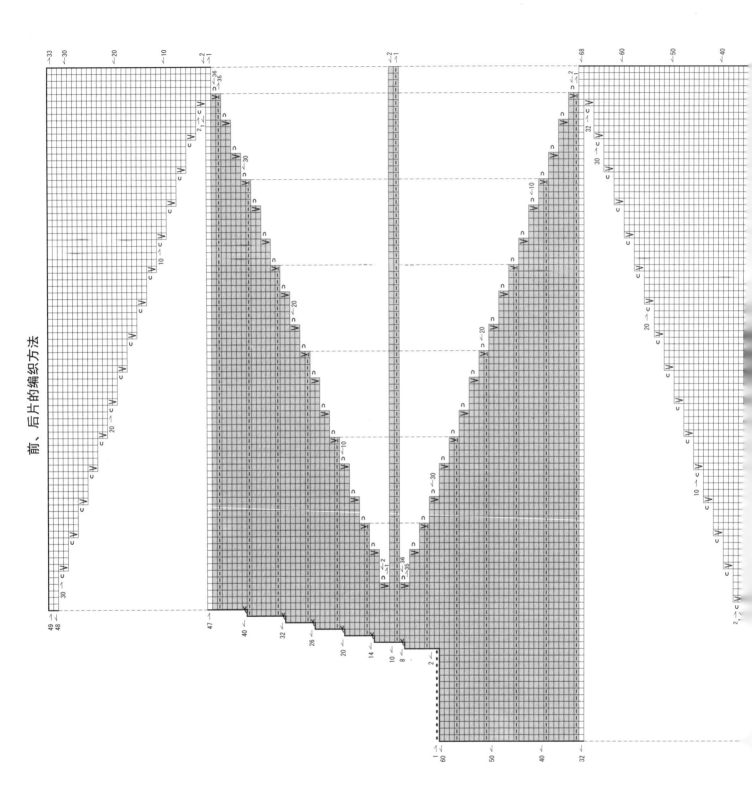

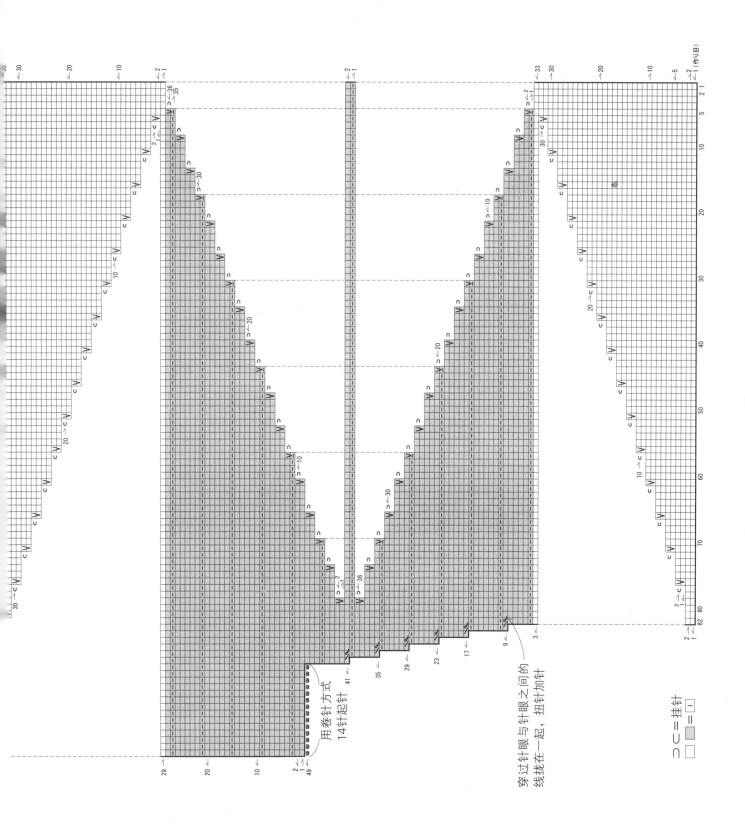

用卷针方式
14针起针

穿过针眼与针眼之间的
线挑在一起，扭针加针

⊃⊂ = 挂针
■ = [ ]

73

25page 斜编织的奇想马甲

◇材料和工具
线···nikkevictor毛线　SOLFA
红茶色（407）215g
针···nikkevictor编针"爱梦"、clover针、
8号棒针2根

◇完工尺寸
胸围84cm　衣长49cm　袖长21cm

◇编织针眼数
①花样编织　20针×36行＝10cm²
②花样编织　15针＝7cm，20行（1花样）＝6cm

◇编织方法
用一股毛线编织。
前后片以一般方式起针织3针，如图所示花
样编织从下摆一角开始直到肩头，无加减针
变化。肩部和腋下各自缝接。下摆的镶边
之后宽松起针如图所示编织，起针宽松收
针，和编完的针眼对合后和衣片缝接。领子
的镶边以一般方式起针直到编完，安在领窝
处后即完成。

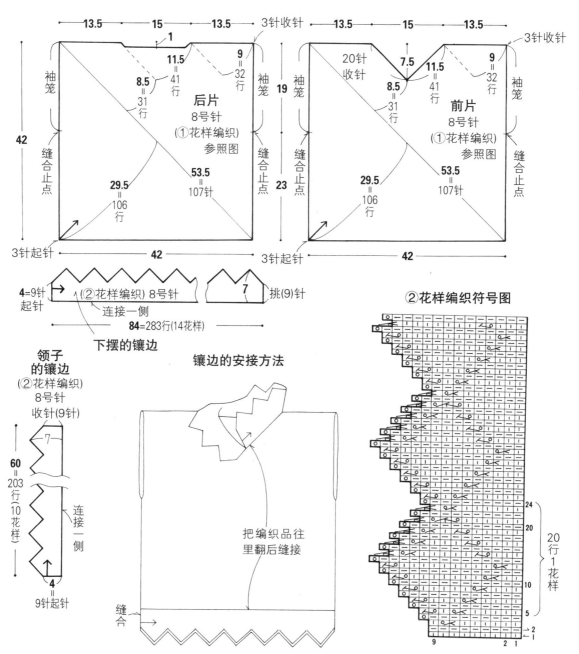

74

花样编织符号图

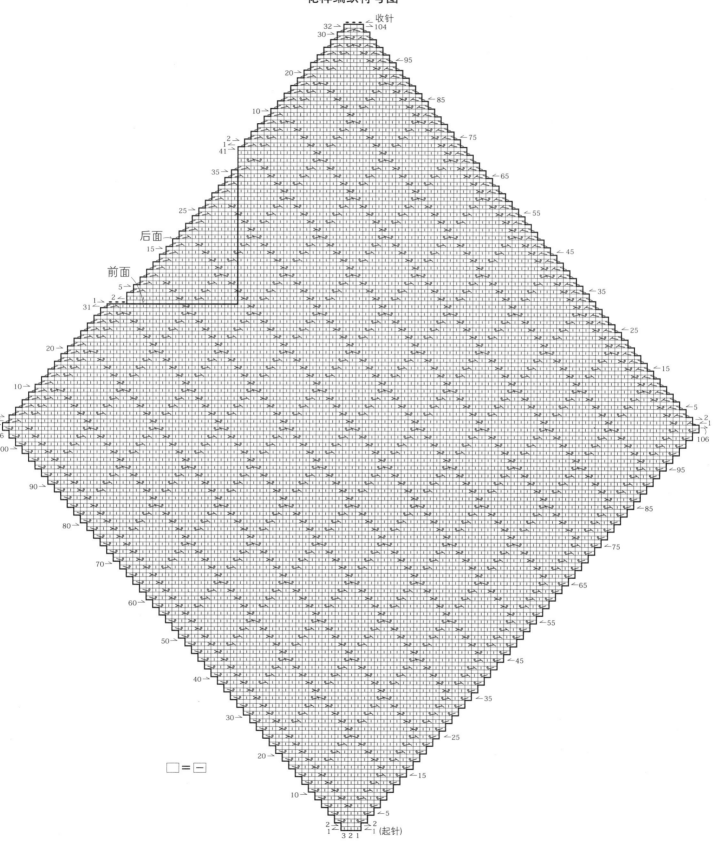

□ = ─

26page　加入艺术编织花样的马甲

◇**材料和工具**

线…nikkevictor毛线　COUTURIER

粉红色（809）235g

针…nikkevictor编针"爱梦"、clover针，
6号棒针2根、4根，4/0号钩针

附件　$1.5cm^2$的纽扣6个

◇**完工尺寸**

胸围93.5cm　衣长50cm　后肩宽36cm

◇**编织针眼数**

①花样编织　22针=10cm

②花样编织　22针=10cm，26行=7.5cm

③花样编织　22针×32行=$10cm^2$

④花样编织、全下针编织22针×33行=$10cm^2$

◇**编织方法**

用一股毛线编织。

花样编织①环针起针，如图所示一边加针一边编，编4片（P78）。左右的前后片以一般方式起针，在织物指定位置编织，全下针编织和花样编织①如图所示拢起缝接进去。肩部缝合，腋下缝接。前门襟以棱编方式编织，留好纽眼位置。领窝和下摆结边，袖笼棱编环编。安上纽扣，完成。

③花样编织符号图

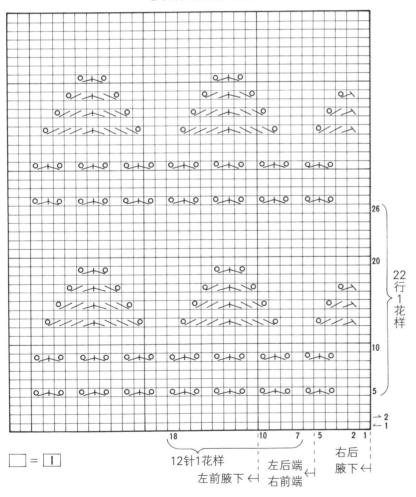

□ = Ｉ

②花样编织符号图

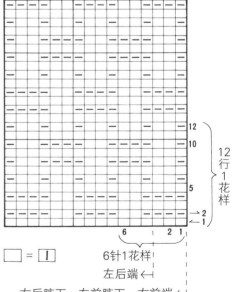

□ = Ｉ

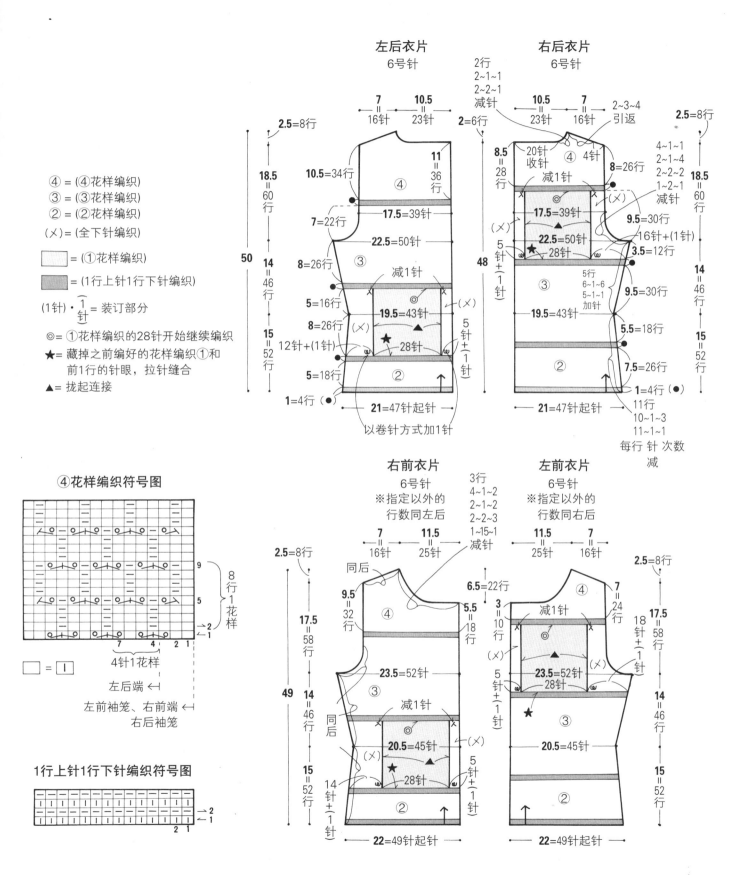

左后衣片
6号针

右后衣片
6号针

右前衣片
6号针
※指定以外的
行数同左后

左前衣片
6号针
※指定以外的
行数同右后

④ = (④花样编织)
③ = (③花样编织)
② = (②花样编织)
(✕) = (全下针编织)

= (①花样编织)
= (1行上针1行下针编织)

(1针)・1针 = 装订部分

◎ = ①花样编织的28针开始继续编织

★ = 藏掉之前编好的花样编织①和
前1行的针眼,拉针缝合

▲ = 拢起连接

④花样编织符号图

8行1花样

4针1花样

左后端 ←

左前袖笼、右前端 ←
右后袖笼

= 1

1行上针1行下针编织符号图

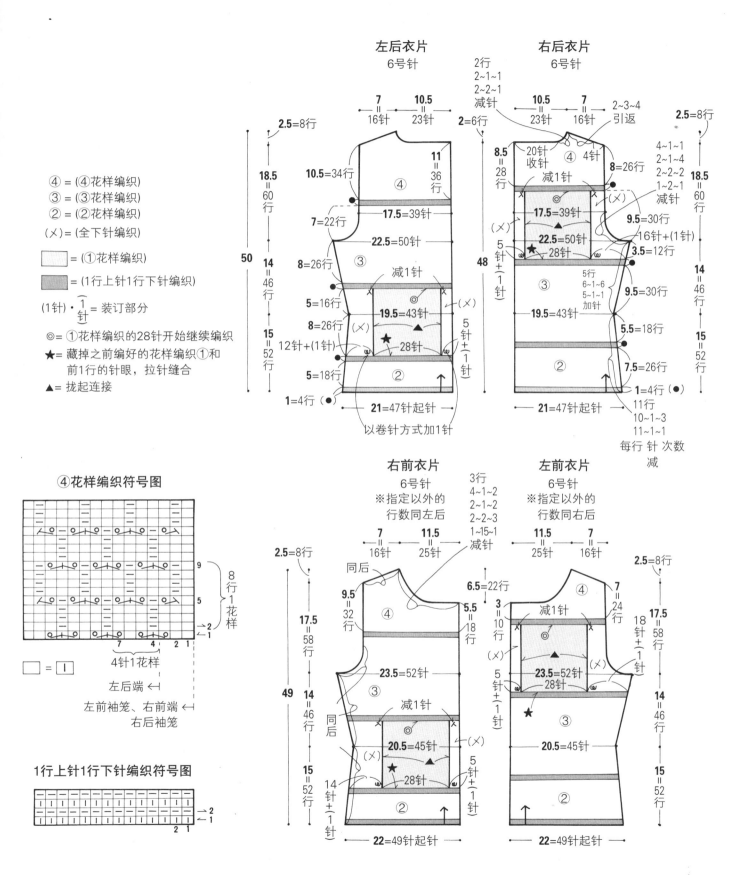

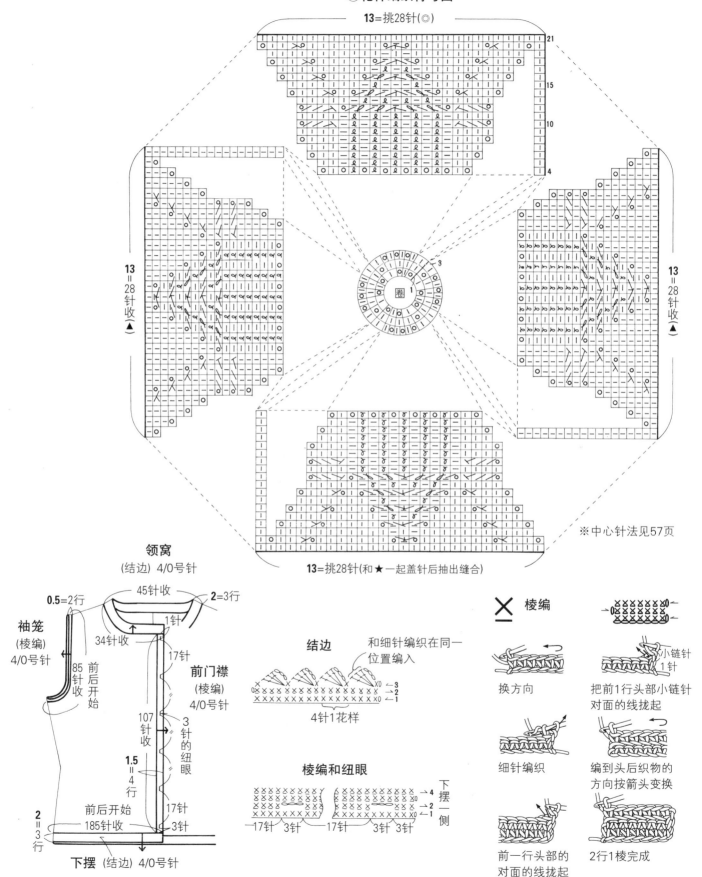

①花样编织符号图

13=挑28针(◎)

13=28针收(▲)

13=28针收(▲)

13=挑28针(和★一起盖针后抽出缝合)

※中心针法见57页

领窝
(结边) 4/0号针

袖笼
(棱编)
4/0号针

前门襟
(棱编)
4/0号针

0.5=2行
45针收
2=3行
1针
34针收
17针
85针收
前后开始
107针收
3针的纽眼
1.5=4行
前后开始
17针
185针收
3针
2=3行

下摆 (结边) 4/0号针

结边
和细针编织在同一位置编入
4针1花样

棱编和纽眼
17针 3针 17针 3针 3针
下摆一侧

✕ 棱编

换方向

细针编织

前一行头部的对面的线拢起

小链针1针
把前1行头部小链针对面的线拢起

编到头后织物的方向按箭头变换

2行1棱完成

78

22page 和谐风格的魔术编织

◇**材料和工具**

线…nikkevictor毛线　**NEO MIDDLE**

绿色（623）440g

针…nikkevictor编针"爱梦"、clover针,6号、5号棒针2根,5号、6号、7号棒针4根

◇**完工尺寸**

胸围100cm　衣长56.5cm

后肩宽36cm　袖长53cm

◇**编织针眼数**

全下针编织　22针×32行＝10cm²

①花样编织　22针＝10cm,26行＝6.5cm

②花样编织　24针×32行＝10cm²

◇**编织方法**

用一股毛线编织。

前后片以2针上2针下方式起针后以2针上2针下、全下针、①、②花样编织方式编织,前片部分的花样编织①一边进行引返编织。袖子之后宽松起针,按全下针、①、②花样编织方式编织。肩部缝合,领窝开始收针,领子2针上2针下环编。袖口宽松起针后收针,与袖管接合。腋下和袖子底部缀接,安上袖子后完成。

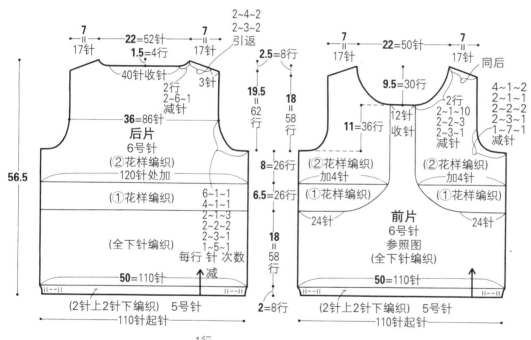

后片 6号针 （②花样编织）

前片 6号针 参照图 （全下针编织）

56.5

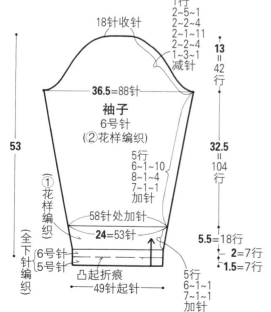

袖子 6号针 （②花样编织）

53

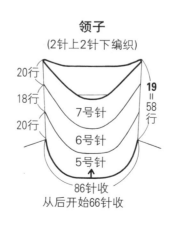

领子 （2针上2针下编织）

86针收

从后开始66针收

②花样编织符号图

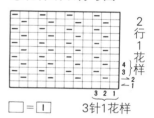

□＝│

3针1花样

①花样编织符号图

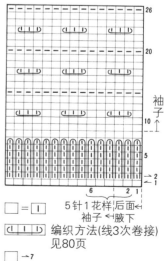

5针1花样 后面

袖子　腋下

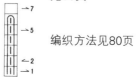

□＝│

编织方法（线3次卷接）见80页

编织方法见80页

编织方法

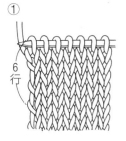

① 第1~6行以全下
针方式编织

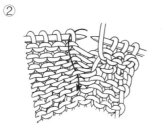

② 在第7行(里侧)按箭头方式
在第1行入针,入针同时
2针一起上针编织

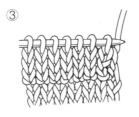

③ 成品

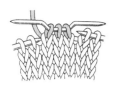

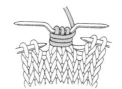

编织方法

3针下针编织,这用
其他针(扭索编织针)

按箭头方向卷毛线

卷3次

不编时从别的针开
始向右边的针移动

袋钉缀

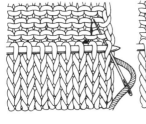
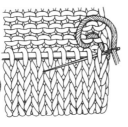
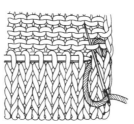
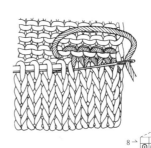

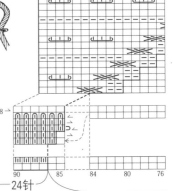

前片的编织方法

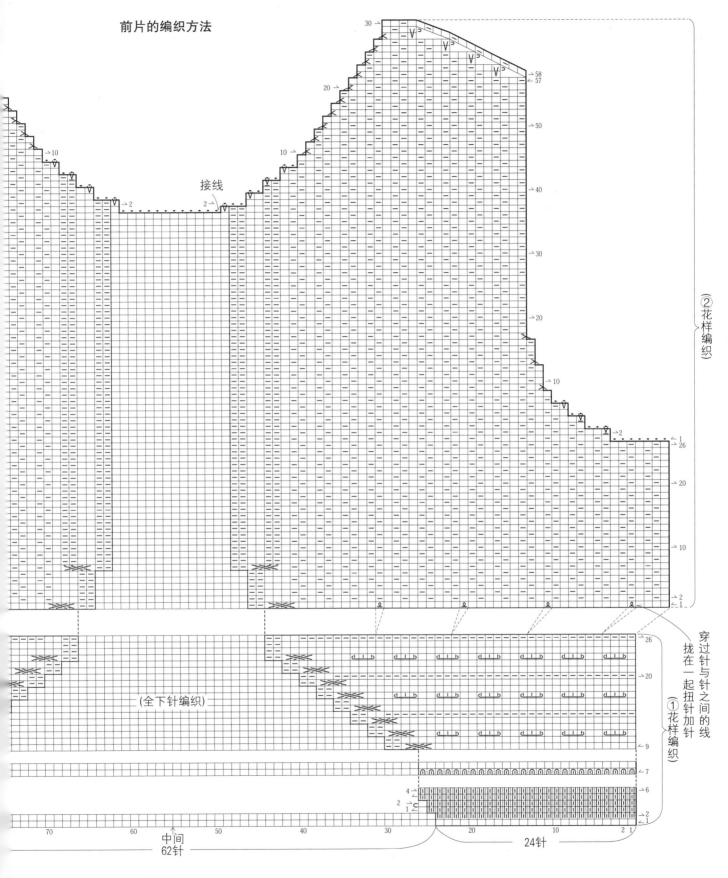

接线

②花样编织

穿过针与针之间的线
拢在一起扭针加针

①花样编织

(全下针编织)

中间
62针

24针

□=Ⅰ つＣ=挂针

27page 马海毛式样的水手领毛衣

◇**材料和工具**

线…nikkevictor毛线　PIXY

黄色（902）210g

针…nikkevictor编针"爱梦"、clover针，

8号棒针2根、4根

◇**完工尺寸**

胸围92cm　衣长55cm

后肩宽36cm　袖长52.5cm

◇**编织针眼数**

②花样编织　20针×26行＝10cm²

◇**编织方法**

用一股毛线编织。

前后片、袖子以一般方式起针后编织花样

①，接着如图所示编织花样②。肩部缝合，

在领窝处按花样编织①'环编，直到织完。腋

下和袖子底部缀接，安上袖子后完成。

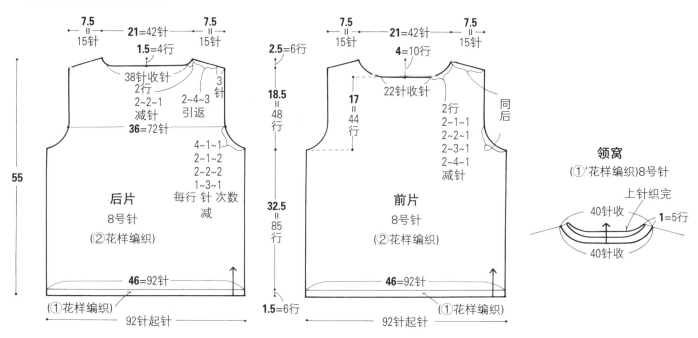

后片

7.5 ＝15针　21＝42针　7.5 ＝15针

1.5＝4行

38针收针 2行

2~2~1 减针

2~4~3 引返 3针

36＝72针

4~1~1
2~1~2
2~2~2
1~3~1
每行 针 次数 减

后片
8号针
（②花样编织）

55

46＝92针

（①花样编织）

92针起针

前片

2.5＝6行　18.5＝48行　17＝44行　32.5＝85行　1.5＝6行

7.5 ＝15针　21＝42针　7.5 ＝15针

4＝10行

22针收针

2行
2~1~1
2~2~1
2~3~1
2~4~1 减针
同后

前片
8号针
（②花样编织）

46＝92针

（①花样编织）

92针起针

领窝

（①'花样编织）8号针

上针织完

40针收 1＝5行

40针收

袖子

1行
2~4~1
2~3~1
2~2~2
2~1~7
2~2~4
1~3~1 减针

12＝32行

15针收针

36.5＝73针

袖子
8号针
（②花样编织）

52.5

5行
4~1~1
6~1~5
8~1~3
10~1~1
18~1~1 加针

39＝101行

24.5＝49针

（①花样编织）

49针起针

1.5＝6行

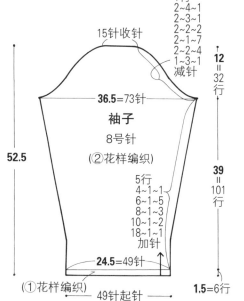

按照第51页的要领

在第1~3针处盖掉4、5针，

下针、挂针、下针、挂针、下针编织

①、①'、②花样编织符号图

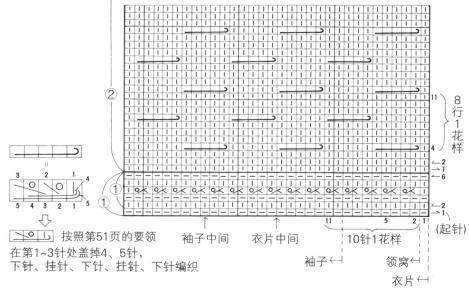

②

①

8行1花样

11
4
2
1
6
2
1

袖子中间　衣片中间　11　5　2

10针1花样

袖子←　领窝←

衣片

28page 全下针编织的斗篷

◇**材料和工具**
线…nikkevictor**毛线 SUPER ALPACA**
茶色混合（23）180g
针…nikkevictor 编 针 "爱 梦"、clover 针，
15号棒针4根，10/0号钩针
◇**完工尺寸** 如图
◇**编织针眼数**
全下针编织 11.5针 × 19行 = 10cm²

◇**编织方法**
用一股毛线编织。
以一般方式起针后环编，以全下针方式从领
窝编织到下摆，如图所示在前后中间部位一
边加针一边编织直到编完为止。绳子以双
重小链针方式编织。散乱的边纹按指定的
根数连接，穿过绳子后即完成。

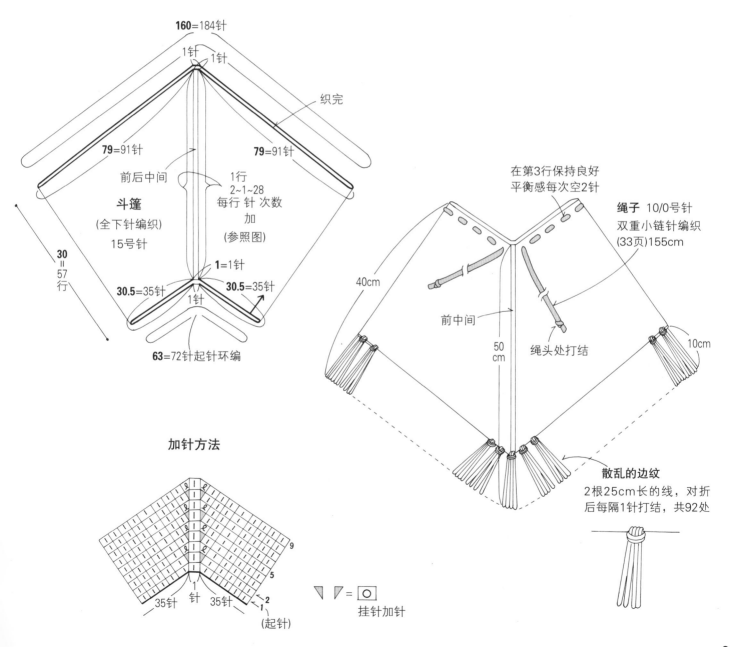

160=184针
1针 1针
织完
79=91针   79=91针
前后中间
1行
2~1~28
每行 针 次数
加
(参照图)
斗篷
(全下针编织)
15号针
1=1针
30.5=35针   30.5=35针
1针
30
=
57
行
63=72针起针环编

在第3行保持良好
平衡感每次空2针

绳子 10/0号针
双重小链针编织
(33页)155cm

40cm
前中间
50cm
绳头处打结
10cm

散乱的边纹
2根25cm长的线，对折
后每隔1针打结，共92处

加针方法

9
5
1
35针 1针 35针
2
1
(起针)

= ⊡
挂针加针

83

29page 转换花式的编织

◇**材料和工具**

线…nikkevictor毛线　PURE ALPACA
茶灰色（53）240g
针…nikkevictor编针"爱梦"、clover针，
5号棒针2根，5/0号钩针

◇**完工尺寸**

胸围90cm　　衣长54cm　　袖长29.5cm

◇**编织针眼数**

2针上2针下编织　　28针×27行＝10cm²
全下针编织　　21针×27行＝10cm²

◇**编织方法**

用一股毛线编织。
前后片之后宽松起针，以2针上2针下和全
下针方式编织，2针上2针下一边减针一边
编织的部分前后都如图所示编织。袖子以
一般方式起针，如图所示2针上2针下编织
后引返编织。肩部缝合，腋下缀接。下摆用
起针的线连着的方式环编结边，起针弄得宽
松。从领窝开始收针，领子以2针上2针下
方式环编结边。袖子底部缀接环编结边，安
上袖子后完成。

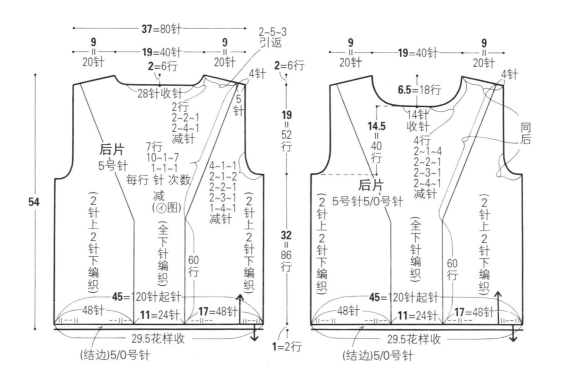

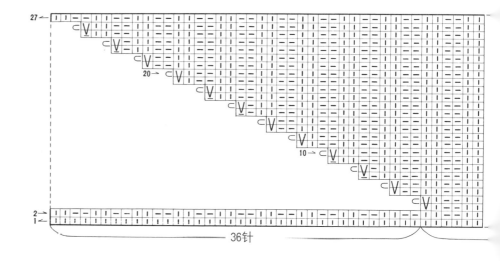

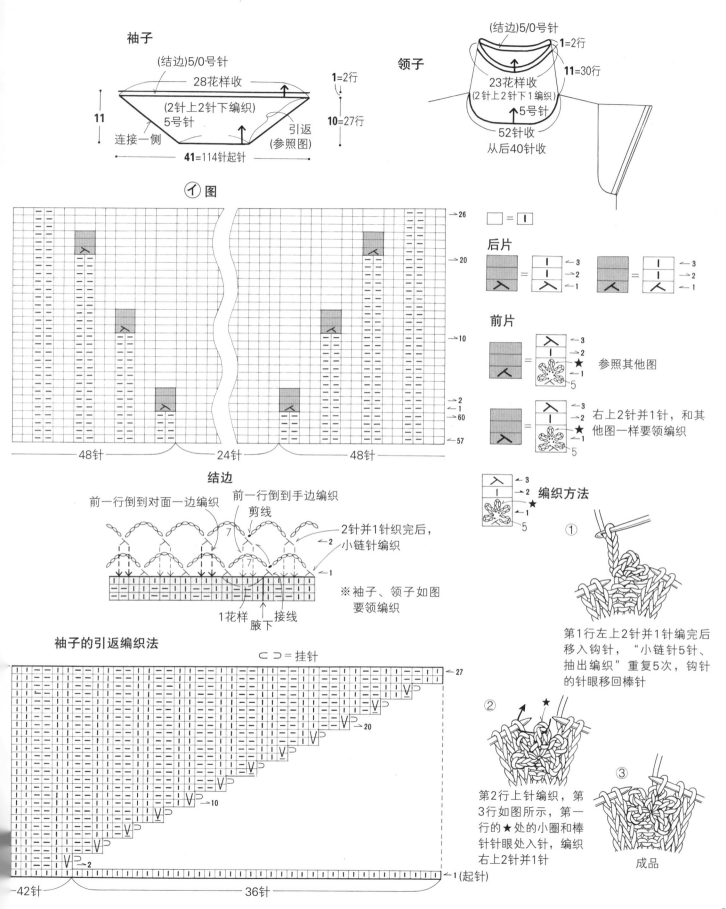

袖子

(结边)5/0号针
28花样收
1=2行
(2针上2针下编织)
5号针
10=27行
11
连接一侧
引返
(参照图)
41=114针起针

领子

(结边)5/0号针
1=2行
23花样收
(2针上2针下1编织)
11=30行
5号针
52针收
从后40针收

イ图

→26
→20
→10
→2
→1
→60
→57

48针
24针
48针

□ = I

后片

= I ←3
I →2
人 ←1

= I ←3
I →2
人 ←1

前片

= I ←3
I →2
★ ←1
5

参照其他图

= I ←3
I →2
★ ←1
5

右上2针并1针，和其
他图一样要领编织

人 ←3
I →2
★ ←1
5

编织方法

①
第1行左上2针并1针编完后
移入钩针，"小链针5针、
抽出编织"重复5次，钩针
的针眼移回棒针

②
第2行上针编织，第
3行如图所示，第一
行的★处的小圈和棒
针针眼处入针，编织
右上2针并1针

③
成品

结边

前一行倒到对面一边编织
前一行倒到手边编织
剪线
2针并1针织完后，
小链针编织
7
→2
7
→1
1花样 接线
腋下
※袖子、领子如图
要领编织

袖子的引返编织法

⊂ ⊃=挂针

→27
V →20
V →10
V →2
→1(起针)

42针
36针

85

30page　一行上针一行下针的巧手编织

◇**材料和工具**
线…nikkevictor毛线　MANNA
紫色（808）275g，NEO-MIDDLE粉红色
（610）75g
针…nikkevictor编针"爱梦"、clover针，
6号棒针2根、4根

◇**完工尺寸**
胸围100cm　衣长51.5cm
后肩宽36cm　袖长51cm

◇**编织针眼数**
全下针编织　21针×30行＝10cm²

◇**编织方法**
用一股毛线编织。
指定部分以外用紫色线编织。衣片以全下针编织，中间为花样编织，分别编织。全下针编织部分之后宽松起针，如图所示编织。花样编织和全下针编织同样方式起针，编织花样①，宽松起针后收针，编织花样②。全下针编织和中间的花样编织缀接，下摆按花样③编织，直到织完。袖子也同样起针后全下针编织，宽松起针后收针，袖口编织花样③，直到织完。肩部缝合，在领窝处环编花样③，织完为止。腋下和袖子底部缀接，安上袖子后完成。

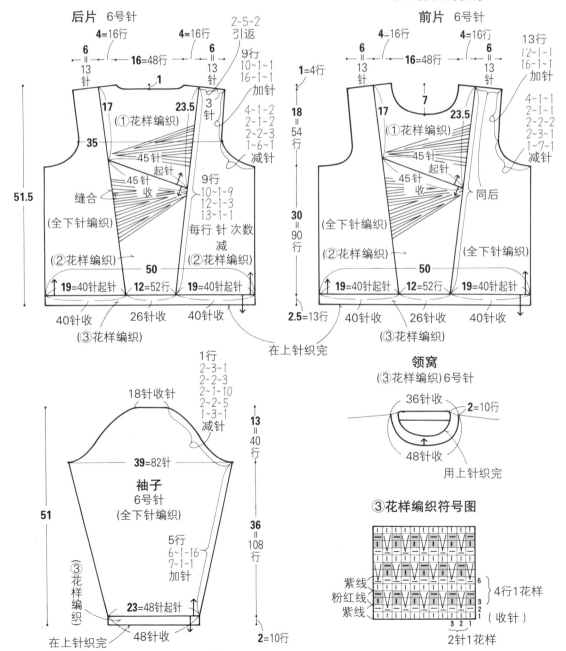

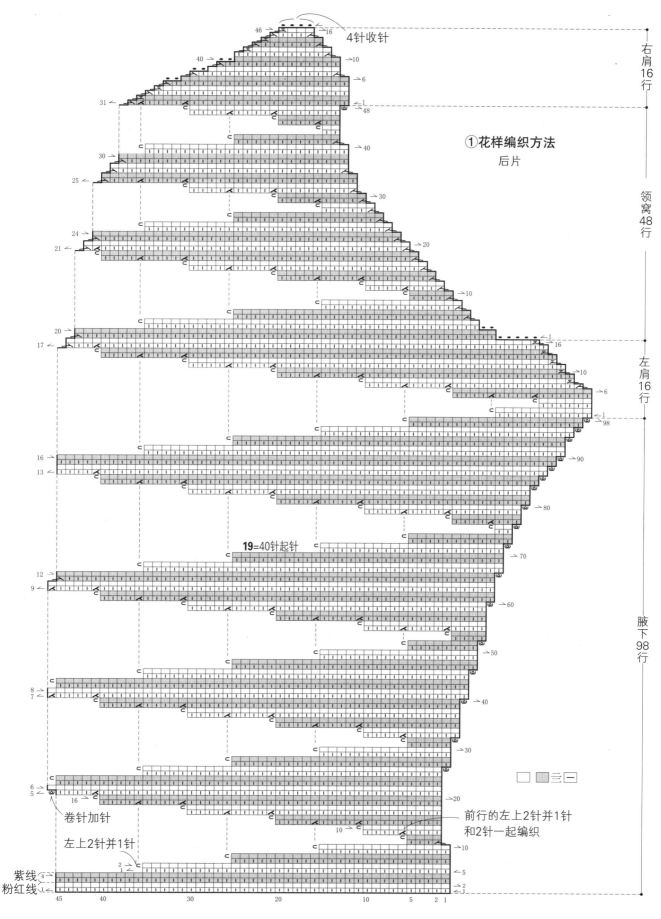

①花样编织方法
后片

4针收针

右肩
16
行

领窝
48
行

左肩
16
行

19=40针起针

腋下
98
行

卷针加针

左上2针并1针

紫线
粉红线

前行的左上2针并1针
和2针一起编织

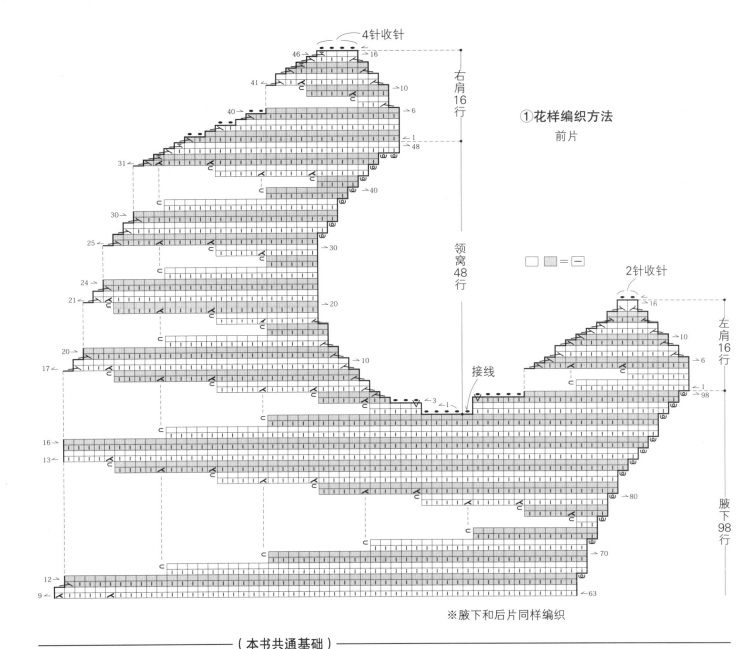

①花样编织方法
前片

4针收针

右肩16行

领窝48行

2针收针

左肩16行

接线

腋下98行

□ ■ = □

※腋下和后片同样编织

───（本书共通基础）───

接线方法

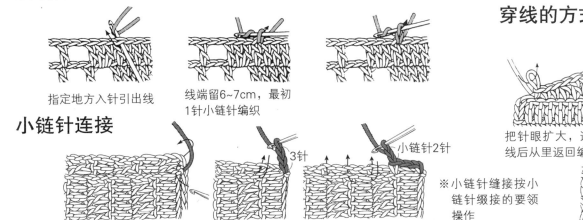

指定地方入针引出线

线端留6~7cm，最初1针小链针编织

小链针连接

把面叠在里面合起，起针那头的针拢起钉缀后引出线

在编织品上以小链针细针编织1行的长度

小链针、细针编织重复进行，每1行连接

3针

小链针2针

※小链针缝接按小链针缀接的要领操作

穿线的方式

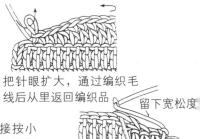

把针眼扩大，通过编织毛线后从里返回编织品

留下宽松度

编织下一行

②花样编织方法
前后片

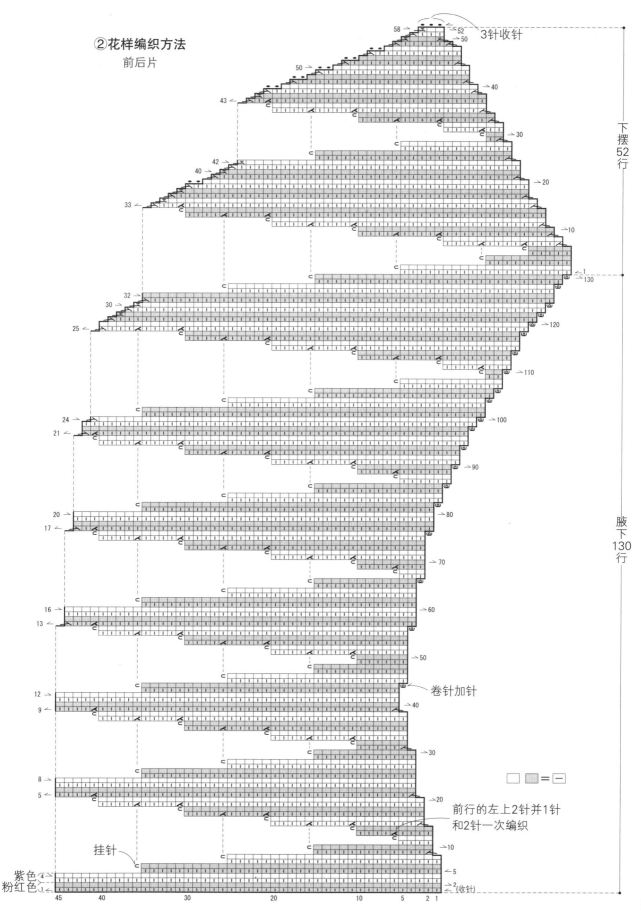

3针收针

下摆52行

腋下130行

卷针加针

□ ▨ = 匚

前行的左上2针并1针
和2针一次编织

挂针

紫色
粉红色

31page　四叶草风格的马甲&围巾

◇**材料和工具**
线…nikkevictor毛线　**MOLESQUE**
紫色混合（8）背心145g，围巾50g
针…nikkevictor编针"爱梦"、clover针，
5/0号钩针
◇**完工尺寸**
背心 胸围100cm　衣长52cm
后肩宽31cm　围巾 宽15cm　长102cm

◇**编织针眼数**
花样编织　3花样×3行＝10cm²
◇**编织方法**
用一股毛线编织。
背心　前后片以枣形针起针，如图所示编织。肩部小链针缝合，腋下小链针缀接（P88）。下摆处按①结边，领窝和袖笼按②环编结边，完成。
围巾　枣形针起针，如图所示编31行，周围结边后完成。

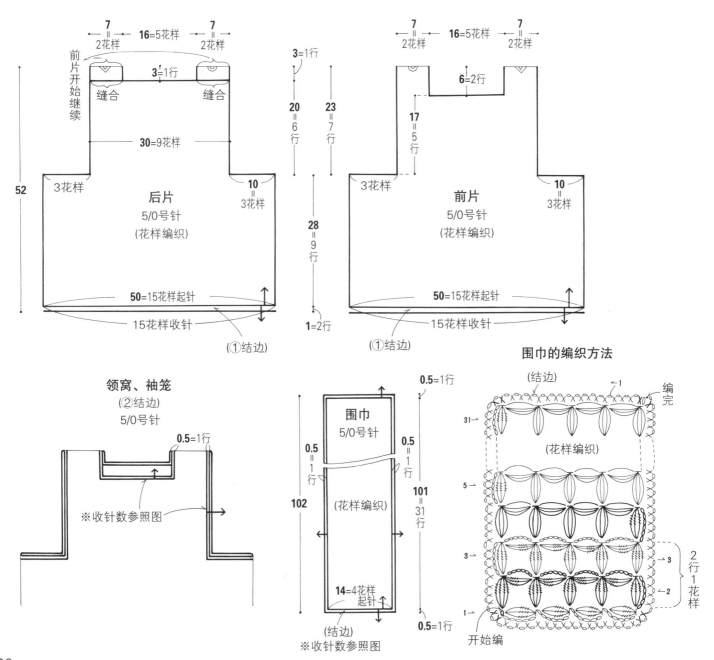

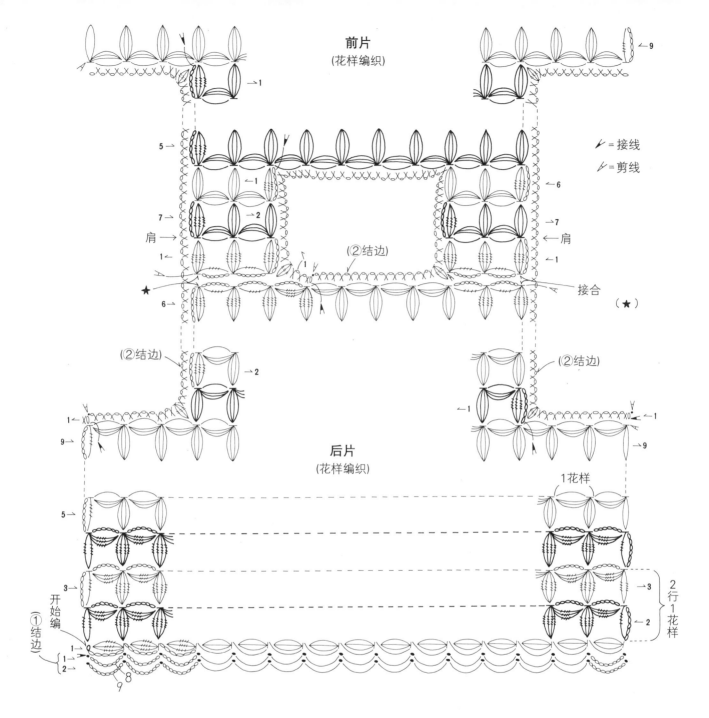

前片
(花样编织)

↙ = 接线
↙ = 剪线

(②结边)

接合

(★)

肩

肩

(②结边)

(②结边)

后片
(花样编织)

1花样

2行1花样

开始编

①结边

花样编织方法

第1行,枣形针按箭头所示小链针反面凸起地方入针编织

第2行(表面)一开始编织的横向的枣形针和①相同,在反面凸起地方编织,一直编到③时形成枣形

接续②,在第1行入针编织枣形针

接下来的横向是在小链针的反面的凸起地方编织,重复③

第3行(反面)的横向和②④相同做法,纵向是按箭头所示入针后编织枣形针

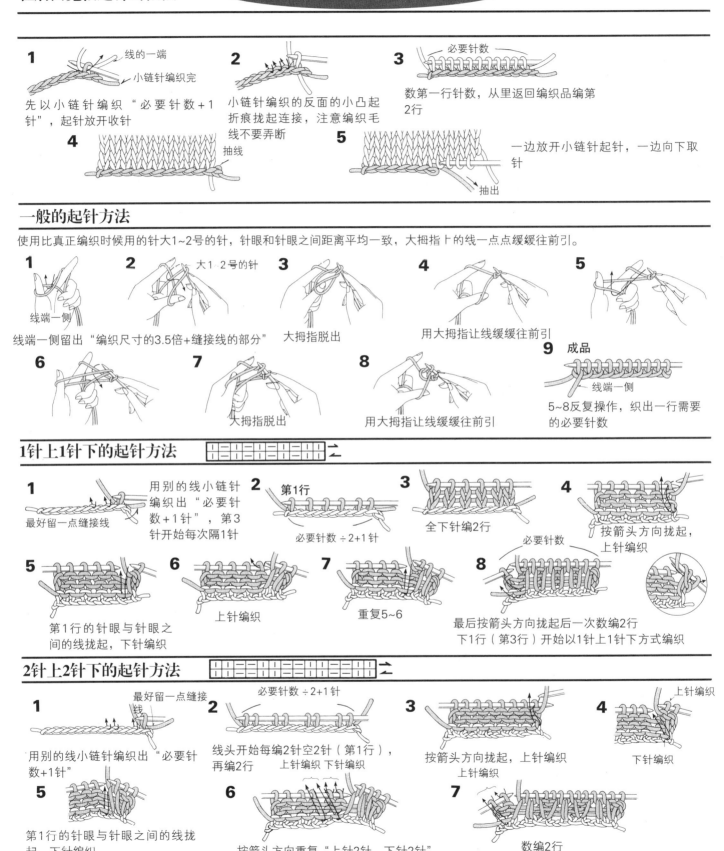

在后面宽松起针的做法

起针

1 线的一端 / 小链针编织完

先以小链针编织"必要针数＋1针"，起针放开收针

2 小链针编织的反面的小凸起折痕拢起连接，注意编织毛线不要弄断

3 必要针数

数第一行针数，从里返回编织品编第2行

4 抽线

5 一边放开小链针起针，一边向下取针 / 抽出

一般的起针方法

使用比真正编织时候用的针大1~2号的针，针眼和针眼之间距离平均一致，大拇指上的线一点点缓缓往前引。

1 线端一侧

线端一侧留出"编织尺寸的3.5倍＋缝接线的部分"

2 大1·2号的针

3 大拇指脱出

4 用大拇指让线缓缓往前引

5

6

7 大拇指脱出

8 用大拇指让线缓缓往前引

9 成品 / 线端一侧

5~8反复操作，织出一行需要的必要针数

1针上1针下的起针方法

1 用别的线小链针编织出"必要针数＋1针"，第3针开始每次隔1针 / 最好留一点缝接线

2 第1行 / 必要针数÷2+1针

3 全下针编2行

4 必要针数 / 按箭头方向拢起，上针编织

5 第1行的针眼与针眼之间的线拢起，下针编织

6 上针编织

7 重复5~6

8 最后按箭头方向拢起后一次数编2行 下1行（第3行）开始以1针上1针下方式编织

2针上2针下的起针方法

1 最好留一点缝接线

用别的线小链针编织出"必要针数＋1针"

2 必要针数÷2+1针

线头开始每编2针空2针（第1行），再编2行 上针编织 下针编织

3 按箭头方向拢起，上针编织 上针编织

4 上针编织 / 下针编织

5 第1行的针眼与针眼之间的线拢起，下针编织

6 按箭头方向重复"上针2针、下针2针"

7 数编2行

92

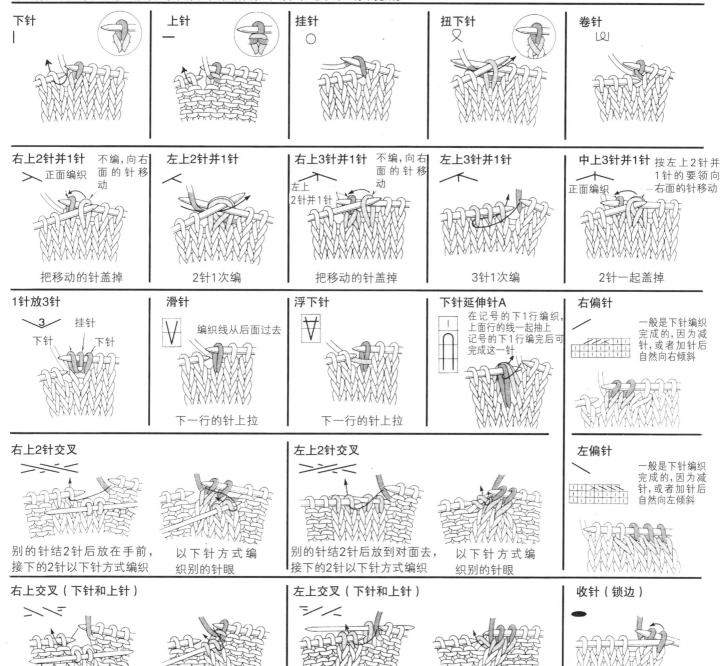

编织符号和编织方法

编织符号是在编织品的正面（使用一侧）可见的操作记号。
除去特例（挂针、卷针、滑针、浮下针、下针延伸针A）外，在记号的一行下完成。

下针	上针	挂针	扭下针	卷针
l	一	○		

右上2针并1针　正面编织　不编，向右面的针移动
把移动的针盖掉

左上2针并1针
2针1次编

右上3针并1针　左上2针并1针　不编，向右面的针移动
把移动的针盖掉

左上3针并1针
3针1次编

中上3针并1针　按左上2针并1针的要领向右面的针移动　正面编织
2针一起盖掉

1针放3针　挂针　下针　下针

滑针　编织线从后面过去
下一行的针上拉

浮下针
下一行的针上拉

下针延伸针A　在记号的下1行编织，上面行的线一起抽上记号的下1行完后可完成这一针

右偏针　一般是下针编织完成的，因为减针，或者加针后自然向右倾斜

右上2针交叉
别的针结2针后放在手前，接下的2针以下针方式编织
以下针方式编织别的针眼

左上2针交叉
别的针结2针后放到对面去，接下的2针以下针方式编织
以下针方式编织别的针眼

左偏针　一般是下针编织完成的，因为减针，或者加针后自然向左倾斜

右上交叉（下针和上针）
别的针结2针后放在手前，接下的1针以上针方式编织
以下针方式编织别的针眼

左上交叉（下针和上针）
别的针结1针后放到对面去，接下的2针以下针方式编织
以下针方式编织别的针眼

收针（锁边）
编2针，盖掉第1针

里面编织的记号的表示方法

里面编织的记号，在记号的上面加『—』。

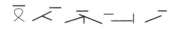

下针延伸针A、滑针、浮下针，在记号的最下面一行编织，这一针一直上拉到记号的最上面1行。
编下面1行，便完成了。

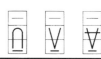

93

每2行留编引返编织

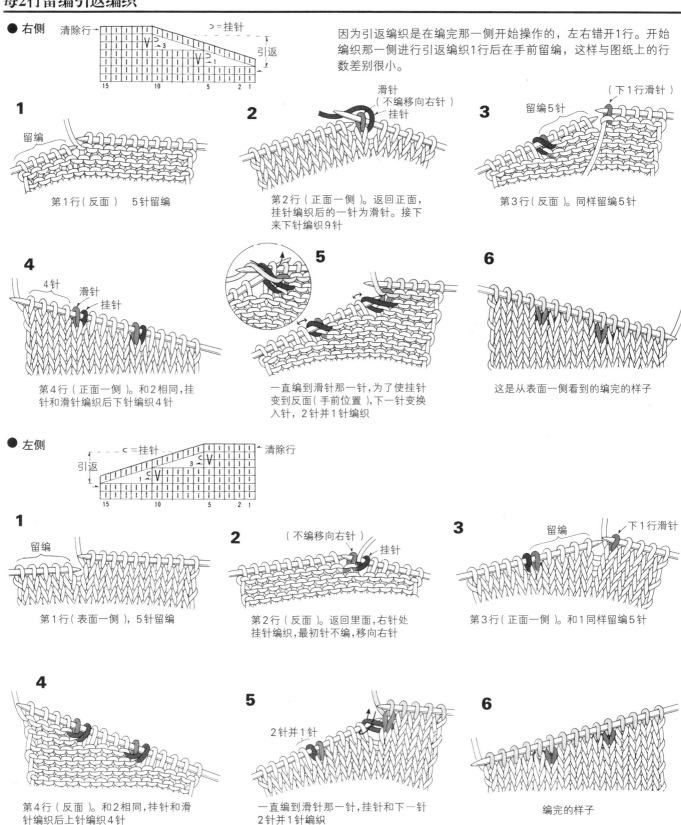

● 右侧

清除行
⊃=挂针
引返
15 10 5 2 1

因为引返编织是在编完那一侧开始操作的,左右错开1行。开始编织那一侧进行引返编织1行后在手前留编,这样与图纸上的行数差别很小。

1
留编
第1行(反面) 5针留编

2
滑针
(不编移向右针)
挂针
第2行(正面一侧)。返回正面,挂针编织后的一针为滑针。接下来下针编织9针

3
留编5针
(下1行滑针)
第3行(反面)。同样留编5针

4
4针
滑针
挂针
第4行(正面一侧)。和2相同,挂针和滑针编织后下针编织4针

5
一直编到滑针那一针,为了使挂针变到反面(手前位置),下一针变换入针,2针并1针编织

6
这是从表面一侧看到的编完的样子

● 左侧

⊂=挂针
引返
清除行
15 10 5 2 1

1
留编
第1行(表面一侧),5针留编

2
(不编移向右针)
挂针
第2行(反面)。返回里面,右针处挂针编织,最初针不编,移向右针

3
留编
下1行滑针
第3行(正面一侧)。和1同样留编5针

4
第4行(反面)。和2相同,挂针和滑针编织后上针编织4针

5
2针并1针
一直编到滑针那一针,挂针和下一针2针并1针编织

6
编完的样子

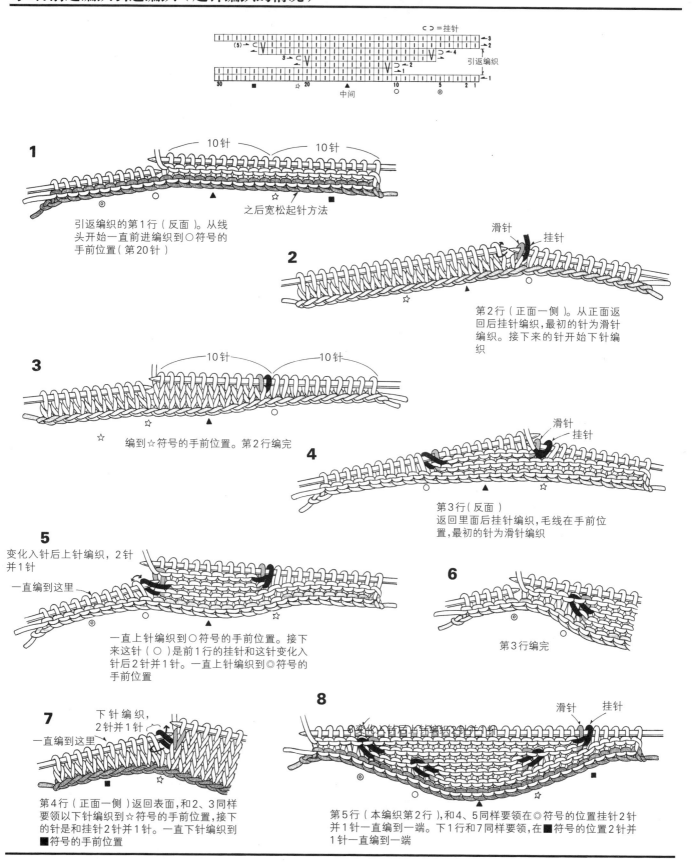

C ⊃ ＝挂针

引返编织

30 ■ ☆ 20 中间 10 〇 ◎ 5 2 1

1

10针 10针

之后宽松起针方法

引返编织的第1行（反面）。从线头开始一直前进编织到〇符号的手前位置（第20针）

2

滑针 挂针

第2行（正面一侧）。从正面返回后挂针编织，最初的针为滑针编织。接下来的针开始下针编织

3

10针 10针

☆ 编到☆符号的手前位置。第2行编完

4

滑针 挂针

第3行（反面）
返回里面后挂针编织，毛线在手前位置，最初的针为滑针编织

5

变化入针后上针编织，2针并1针

一直编到这里

一直上针编织到〇符号的手前位置。接下来这针（〇）是前1行的挂针和这针变化入针后2针并1针。一直上针编织到◎符号的手前位置

6

第3行编完

7

下针编织，2针并1针

一直编到这里

第4行（正面一侧）返回表面，和2、3同样要领以下针编织到☆符号的手前位置，接下的针是和挂针2针并1针。一直下针编织到■符号的手前位置

8

滑针 挂针

第5行（本编织第2行），和4、5同样要领在◎符号的位置挂针2针并1针一直编到一端。下1行和7同样要领，在■符号的位置2针并1针一直编到一端

95

缝合方法

拉针缝合

把编织品的面叠在里面合起，用钩针拉针后缝合。为了
保证编织品不跟着移动，一点点缓缓抽才好。

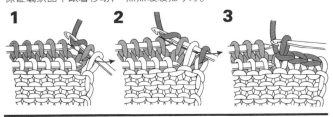

针眼和行的缝合方法

一般缝合时行数比针数多的情况下，这个差数
以等距平摊在2行拢起的地方，以平整为要。

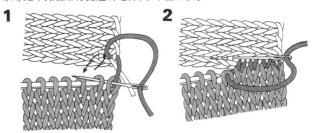

遮盖拉针缝合

把编织品面叠在里面合起，用钩针把对面的针眼引过来以后拉针缝合。

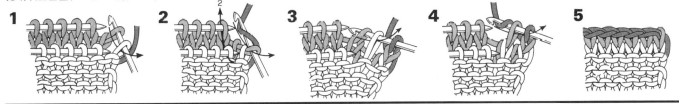

钉缀方法

拢起钉缀

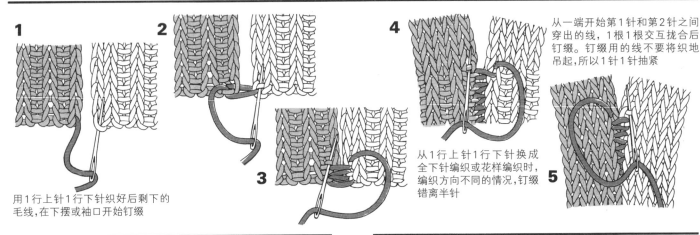

1 用1行上针1行下针织好后剩下的
毛线，在下摆或袖口开始钉缀

从1行上针1行下针换成
全下针编织或花样编织时，
编织方向不同的情况，钉缀
错离半针

从一端开始第1针和第2针之间
穿出的线，1根1根交互拢合后
钉缀。钉缀用的线不要将织地
吊起，所以1针1针抽紧

拉针钉缀

把编织品的面叠在里面合起，用钩针拉针缝合。一般是从一端开始1针
内侧空置1~2行，保证编织品不会被牵动情况下抽出。

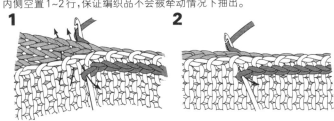

返回缝缀

把编织品的面叠在里面合起，一般是编织品的1针内侧每1~2行拢起返
回缝缀，每抽紧1针的同时合钉，经常用于做袖孔。

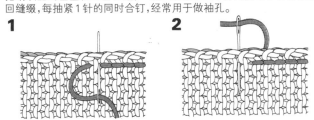

※钩针编织基础
　后面的细针编织，细针编织的筋编，小链针3针的小环饰边…P59

$\mathbb{V}$ 和 $\mathbb{W}$ 的区别…P37

开始编图形…P52
线的连接方法、穿线的方法…P88